设计可持续的未来
从水立方到冰丝带

Shaping A Sustainable Future
From Water Cube to Ice Ribbon

国家重点研发计划课题 2019YFF0301502，2020YFF0304305

国家自然科学基金面上项目 51978191

设计可持续的未来
从水立方到冰丝带

Shaping A Sustainable Future
From Water Cube to Ice Ribbon

郑方 ＼ 著

Zheng Fang

中国建筑工业出版社

序　一

2022 年 2 月 20 日，北京冬奥会终于精彩落幕了。我看着电视屏幕上久久不肯退场的世界各国运动员们的笑脸，心中感慨不已：我们中国，我们北京，又为世界献上了一场充满激情、友情和热情的无与伦比的体育盛宴。为此，有多少人奋战了多少日日夜夜，顶着疫情，顶着各种压力，就为了这一天！而这其中，一批出自中国建筑师原创之手的标志性体育场馆设施也得到了来自国内外运动员和相关专家的高度赞扬，完全达到了国际先进的水平，不仅令国人自豪，更令我们建筑师同行们骄傲，标志着中国创造、中国设计、中国建造达到了一个新的高度！而这一切的背后则涌现出一批杰出的中国建筑师和他们的团队。我所熟悉的建筑师郑方就是其中令人钦佩的一位。

我认识郑方差不多有 20 年了。最初是在北京金融街的一家房地产开发企业中见到他，那时他刚刚从清华大学毕业不久便下海进入地产企业，我想他一定会像他的许多师兄师弟那样在房地产快速发展的大潮中有所成就，有所作为。但后来听说他又回到设计行业里了，在中建国际从事体育建筑设计，其中很重要的机遇就是参加了 2008 年奥运会的"水立方"设计。记得我曾经在工程技术论坛会上见到他，虽然很年轻，但谈起技术来很清晰，很深入，让我对他的转型刮目相看。2008 年奥运之后，他成长很快，先后在许多大型体育场馆竞赛中标，成为中建国际团队中的主力干将，后来又到了北京院。他在这次冬奥会场馆创作中大放异彩，除了主创了国家速滑馆"冰丝带"之外，还将他原来参与设计的"水立方"改造成了"冰立方"，成了一位名副其实的双奥建筑师！我为他在这十几年间的进步之快、成就之大由衷地高兴和祝贺！

我认为郑方创作的突出特点是注重技术创新。并不像许多建筑师那样追求造型设计，他更重视结构技术、幕墙技术与空间形态的一体化设计，把浪漫的表达与理性的思维紧紧联系在一起，把激情的创作与一丝不苟的潜心研究、精心设计以及全过程管控相结合，否则很难完成如此精彩的创新成果。今天，国家提出了高质量发展的战略方向，中国建筑也要早日摆脱量大、低质、廉价的尴尬状况；而高质量并非意味着高规格、高档次、高成本的浮夸，更应该是理念创新和技术创新的高度结合，并且达到高完成度、高质量运行，最终形成有长久艺术与文化价值的建筑精品！所以我们需要越来越多的像郑方这样的不仅有创作情怀，更掌握高技术；不仅有开放的视野，更有脚踏实地的工作精神的优秀建筑师，否则我们难以完成新时代交给我们的历史任务。

　　记得我组织《建筑学报》在崇礼召开冬奥工程创作品谈会上许多专家都共同感叹，与 2008 年夏奥相比，时隔 14 年，这次冬奥会建筑创作的主动权真是回到了中国建筑师手中！我想我们不仅仅要为之扬眉吐气，更要在这个新起点上继续努力，把技术创新作为中国建筑创新的长久动力，让中国建筑文化的发展稳稳地走在智慧和理性的大道上。郑方已经在这条路上迈出了坚实的步伐。

中国工程院院士
中国建筑设计研究院总建筑师
写于 2022 年 2 月 20 日
改于 2022 年 3 月 2 日

序 二

　　2008 北京奥运，实现了中国百年奥运梦想，全新的场馆建设无疑是中国体育建筑发展中的一个里程碑。时隔十几年之后的今天，我们再看冬奥会的建设和设计，我感觉与之前已有很多不同。

　　在设计层面，冬奥会场馆，以本书中重点记述的新建国家速滑馆（冰丝带）和水立方冰壶赛场改造（冰立方）为代表，更多地从自然、环境和人的角度去考虑问题——把可持续发展作为核心。2017 年，国际建协在竞赛委员会、职业实践委员会和教育委员会之后增设了 SDG 可持续发展目标委员会。这十多年的变化确确实实在我们建筑师中产生了巨大反响。建筑学专业已经把可持续发展作为一个最基本的设计准则，作为最初的设计理念中的重要因素。我觉得这是对整个奥运建设历史的贡献。

　　以我个人的感觉，三十几届奥运会过后，今天依旧特别热衷于申办奥运的国家似乎不那么多了。很重要的一个原因就是赛后利用这个世界性的难题，无论是亚特兰大或雅典夏季奥运会，还是索契或平昌冬季奥运会的体育场馆都面临这个问题。这次冬奥会的设计，无论是新建场馆，还是改造既有场馆，都更自觉地着重为场馆的可持续利用做长久打算，同时和我们当前的环境和国情相结合，这是一个理念上的进步。有了可持续发展的意识，站位更高，并且自觉地把场馆的可持续利用作为非常重要的工作内容，是建筑师的社会与历史责任，对我国城市建设的正向引导和大众建筑文化自觉性的提升是非常好的事情。

　　郑方 1996 年在清华建筑学院硕士毕业不久，即开始体育建筑领域的设计实践和研究，他的第一个项目是我们一起合作的清华大学综合体育中心项目，这也是世界大学生运动会篮球预赛场馆。那以后，他又先后参加完成了 2008 年奥运会的 5 个场馆设计任务，是国内参加国际高标准赛事场馆设计最多的建筑师之一。他在积累了丰富的设计经验的同时，还一直执着于理论方法的研究，并于 2009 年重新回校攻读博士学位。他的博士研究基于 2008 年奥运场馆的设计实践，针对大空间建筑中技术与设计的关系形成系统的理论创见，促进了当代建筑学和工程学融合的专业共识。毕业之后，经过 2022 年冬奥会两个主要场馆新建和改建的设计实践检验，在本书中进一步发展和凝练成为可持续设计的核心观点，包括支持场馆可持续运营的通用空间概念、基于建筑策划理论的场景转换技术、轻质结构和高效能环境与建筑的协调统一技术等。我非常欣喜地看到，这本专著清晰地呈现了郑方在设计实践和理论探索上的一致性，系统地整理了他在博士研究和科技冬奥国家重点研发专项中形成的关键成果。

　　本书收录郑方主持设计的夏冬两个奥运会 7 个场馆，记述各场馆的设计理念、关键技术创新和应用，用大量珍贵的历史图片、图纸资料，系统地展现了奥运和冬奥地标场馆的设计全景和深刻内涵。这些场馆的设计涉及新建和改造场馆赛时、赛后复杂的功能转换与可持续利用、建筑和大跨结构的协调、从建筑设计出发的低碳绿色节能、数字化设计等众多前沿领域，对我国建筑界和学界同仁都具有积极的参考与借鉴意义，也是我国奥运遗产的重要组成部分之一。我也希望本书在这些领域展现的创新成果和在设计实践中的示范应用，能够推动我国大型公共建筑，尤其是大跨度建筑保持国际领先水平，为世界范围内体育场馆的可持续利用建立典范。

　　谨以上述文字贺本书出版。

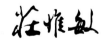

中国工程院院士

清华大学建筑设计研究院总建筑师

2022 年 1 月于清华园

前　言

　　如果我们短暂的一生有一些必须要做的事情，那么到体育场看一次奥运会比赛，一定是我全力推荐的。去亲眼看看，我们人类中间那些最高、最快、最强的身体；去亲身见证，赛场上风驰电掣的速度、精妙绝伦的技巧、石破天惊的力量；奥运圣火，在那里照亮我们每一个人的心灵深处。

　　2001 年 7 月 13 日，北京申办 2008 年奥运会成功。

　　2015 年 7 月 31 日，北京申办 2022 年冬奥会成功，成为历史上第一个既举办夏奥会，又举办冬奥会的"双奥城市"。

　　从 2003—2021 年，我作为建筑师主持完成了两届奥运 7 个竞赛场馆的设计任务，与奥运结下了一生的缘分。其中 2008 年奥运场馆 5 个：

国家游泳中心（水立方）

国家网球中心

北京奥林匹克公园射箭场

北京奥林匹克公园曲棍球场

北京朝阳公园沙滩排球赛场

2022 年冬奥场馆 2 个：

国家速滑馆（冰丝带）

国家游泳中心冰壶赛场（冰立方）

　　这些场馆成为运动员书写传奇的地方。2008 年 8 月，游泳运动员在水立方 24 次改写 21 项世界纪录；2022 年 2 月，全部 12 个设立世界纪录 / 奥运会纪录的速度滑冰项目（集体出发不设记录），运动员在其中 10 个项目中 13 人次 / 队次创造奥运会纪录，1 个项目 1 人次创造世界纪录。从设计到建造，以及赛时、赛后运行，这些奥运场馆致力于研发、应用世界范围内领先的可持续技术，实现建筑空间、结构性能和环境策略的完美统一。在理念层面，建筑设计是奥运场馆落实可持续策略的核心；在技术层面，要面对复杂几何建构、大跨度空间结构、建筑立面效果、室内空间和材料、奥运功能运行、大空间室内环境与控制、性能化消防等众多专业挑战，每个方面都涉及各自领域的最前沿进展；在使用层面，所有设计都经过国际奥委会（IOC）、国际体育单项组织（IF），以及奥组委各运行部门和专家委员会的审查，通过赛时、赛后运行检验。

本书成稿于"简约、安全、精彩"的北京冬奥会闭幕的时刻，以图片、草图和文字记述 2008 年北京奥运会和 2022 年北京冬奥会中，由我主持设计的 7 个场馆，从建筑师的视角记录这些场馆的设计、技术以至施工过程，用以解析智慧建筑和低碳社会的奥运范本，展现我们当下面对环境问题时的观念，记载这个我们共同创造、休戚与共的时代。

目 录

可持续　向未来
For A Sustainable Future

可持续发展是当今世界的共识，国际奥委会的《奥林匹克 2020 议程》和《奥林匹克 2020+5 议程》将可持续性列为当代奥运会的基础性主题之一 [1]。北京 2008 年奥运会践行"绿色、科技、人文"三大理念，举办了一场"无与伦比"的奥运会 ①。《北京 2022 年冬奥会和冬残奥会可持续性计划》则提出"可持续·向未来"的冬奥愿景，确定了"创造奥运会和地区可持续发展的新典范"作为总体目标 [2]。

对体育场馆来说，可持续性包括运营可持续和环境可持续两个核心目标。从运营可持续角度，无论新建场馆还是改造场馆，都应该在不同时段满足赛时和赛后持续演变的功能需求；从环境可持续角度，体育场馆作为大型公共设施，应当为降低环境影响、低碳节能的建造和运行建立典范。

运营可持续的目标是实现体育场馆的赛时、赛后持久利用：为场馆建立通用空间，容纳多种场景转换的可能性。场馆的建筑空间、室内外环境、设备设施以至永久/临时结构、立面照明等，以不同状态构成多种运营场景，在不同时段进行比赛、大型活动、商业演出、大众健身等各种活动。适应体育建筑多功能使用的特点，尤其是大型活动和日常运营的多种模式，这些运营场景的构建和相互转换，成为体育场馆面临的普遍问题。这一问题难以通过设计任务书进行详细规定，而更多是通过建筑策划与设计交融的方式解决。典型的方法例如：使用临时看台应对赛时更大量的观众需求，赛后移除临时看台进行赛时/赛后场景转换；使用可以伸缩的座席调节篮球、冰球的场地转换；大学体育馆的体育比赛、日常训练、毕业典礼场景的转换等。国家游泳中心、北京 2008 年奥运会柔道跆拳道馆等场馆，以策划/设计融合的方式保障了赛后的持续利用。而雅典（2000 年）、里约（2016 年）奥运会对赛后场景策划的缺失，导致奥运会后显著的场馆荒废。

环境可持续的目标是以绿色建筑技术降低体育场馆建造和运行对环境的影响，实现节材、节能，是建筑学和工程技术协调统一的系统性课题。对建筑设计来说，要针对体育场、观众看台的需求建立集约紧凑的内部空间，以控制结构跨度和围护结构的面积，并节省大空间的空调、采暖、除湿等能耗。尤其是对冰上场馆来说，控制冰场空间的容积是实现节能运行的根本出发点。对工程技术来说，面向未来的建造方式包括采用高性能的轻质结构、轻型高效能的屋面和幕墙围护结构；提升机电系统的能效和监控系统的智慧运行水平；尽可能利用被动式和可再生能源；选择天然工质的制冷剂以降低温室气体排放和破坏臭氧层的潜能等方面。由此形成建筑学和工程学协调融合，面向未来的"可持续技术体系"。

---

① 时任国际奥委会主席雅克·罗格（Count Jacques Rogge）2008 年 8 月 25 日在北京奥运会闭幕式上的讲话。

1　通用空间

　　我们生活的世界瞬息万变，城市公共生活日益多样化，并且随着时代持续变迁。建筑空间的使用方式多种多样，并处在不断变化的过程之中，功能演变不胜枚举。超越单纯的功能主义分类，当代技术重新定义了建筑的功用，通过激励和促成社会生活的多样性，整合结构体系、环境技术，为通用空间赋予可持续的内涵。

1.1　多功能公共空间的起源

　　阿尔伯蒂在《建筑论》第八书"世俗性公共建筑的装饰"中，谈到"娱乐性建筑物"，包括剧场、圆形竞技场和马戏场。他在这里提出了公共聚会的目的问题，论证了大型公共空间的功能起源：

　　"摩西因为第一次在斋戒日将他的整个民族汇聚在一座神殿中，并且带领他们一起在规定的时间庆祝丰收，因而受到了人们的称赞。他的目的，我猜想，可能只是通过将人们汇聚在一起进行宗教活动而教化人心，并且使人们更愿意接受友善相处所带来的益处。因此，在我的心目中，我们的祖先在他们的城市中建立娱乐性建筑，除了欢宴或娱乐之外，还有同样多功能方面的理由 [3]。"

　　按照阿尔伯蒂的描述，这些娱乐性建筑物服务于闲暇的消遣活动，应该能够激发"智慧的能量和精神的能力"。空间的使用模式反映社会生活的结构，福柯在描述西方社会的规训本质时，就把现代社会比作是边沁发明的全景监狱。因此，公共建筑的使用方式能够折射当代消费社会的结构和公共生活的面貌。

　　如今，体育、交通、会展、观演、博物、娱乐、宗教、教育等多种类型的活动，都以各自独特并且不断变化的方式在不同尺度的空间中进行。这些空间通常是城市居民政治、经济和文化生活的中心场所，例如大会堂是政治议事的核心，展览中心是工业和贸易交流的地点，机场和火车站是旅行起止的所在，而剧院和体育场则是文化娱乐和竞技健身的场所。除了特定的公共活动之外，这些建筑在当代城市中还塑造了重要的大型开放空间；在日益私有化和商业化的城市中，维持城市公共生活的魅力和多样性。成千上万的旅行者穿过机场飞往世界各地，电视节目每天转播体育场馆中进行的各项赛事……建筑和这些事件一起，成为大都市的罗塞塔石碑，记载人类文化的密码。那些人流高度密集的建筑本身又经常集成交通枢纽、停车场库、商业服务和大规模的广场、景观及市政工程等设施，汇聚多种城市机能，形成充满活力的复合功能城市片区。火车站、航站楼成为越来越复杂的综合交通枢纽；体育场、剧院、展览中心集合地铁、公交、道路等交通设施和商业服务的支持。当代的公共空间从功能性的建筑物转变为事件和场景的一部分，促成一种更加包容的城市环境。

　　随着社会和公共生活的发展，有些空间的使用方式经久不变，另外一些则应时而变。阿尔多·罗西在《城市建筑》中以城市的"主要元素"代表公共和集合的特征，即为公众服务的集合产品，具有城市的属性；其空间特性和作用（与功能无关）反映了城市实际生活的状况，并以其存在和组织方式使建筑获得自身的品质。罗西使用的例证包括尼姆的竞技场，以及罗马城市中的万神庙、广场和剧场。世异时移，功能变迁，这些城市元素和纪念性结构的持续动力促成了城市的长远发展。

1.2　通用空间的技术典范

　　通用空间（universal space）的概念由密斯最早提出。这一概念试图取消空间的功能属性，特指大跨度、灵活使用的单一空间，对现代建筑具有革命性的意义，直至今日仍是建筑必须面对的核心课题。一方面，建筑本身是持久和代价高昂的；另一方面，城市公共生活日益多样化，并且不断变化。这就促使通用空间成为应对社会生活变化的技术解决方式。

　　1942 年，密斯制作了一个音乐厅的照片拼贴画，采用阿尔伯特·康于 1937 年设计的格伦·马丁飞机组装大楼的室内作为背景，在其中设置了木材和钢板制成的灵活的墙和顶棚，叠加上他的基本空间概念（图 1）。阿尔伯特·康是为亨利·福特和其他底特律汽车工业家服务的建筑师，设计了适应于汽车生产线的大空间厂房。20 世纪 30 年代末，美国的钢铁技术已经能够生产更大的断面，焊接方法开始在建筑中替代铆接，使节点更为简洁[4]。这些新技术促成了更大跨度的屋盖，增加了建筑空间的可能性。1952—1953 年，密斯又发展了康拉德·瓦克斯曼为美国空军机库所设计的结构，为芝加哥会议中心设计了一个会议大厅，约 220m 见方，屋面采用网架结构，结构高度约 9m，侧面端头悬挑达18m（图 2）。拼贴画的室内使用大理石纹理代表大空间内的墙体饰面。密斯引用康和瓦克斯曼的结构作为自己作品的技术支撑，启示了一个大跨度钢结构通用空间的新时代。

　　就像密斯的拼贴画所预示的方法，如今大量的大空间工业建筑改造成为完全不同的功能空间。旧的空间形式和新功能的冲突以及由此创造的文化张力充分展现了当代生活的复杂性。在巨变时期，当代社会容纳了文化取代的发生；通过足够的适应性和灵活性，建筑为这种取代提供了一种空间上的可能性。

　　伊利诺伊工学院的克朗厅（1950—1956 年）是密斯通用空间设计哲学的最佳例证（图 3）。克朗厅是一个单纯的 66m×33m、高 7.2m 的长方体，悬挂屋顶的 4 根钢梁焊接在8 个钢柱上，都位于室外，以创造全无遮挡的内部通用空间；在开放的平面外包裹着轻盈精巧的钢和玻璃的立面。室内采用独立的橡木隔断来区分班级、授课和展览的空间。尽管克朗厅在满足绘图室的使用功能时面临采光、隔热和噪声等诸多使用上的不足，密斯仍然坚定地称之为"最为清晰的结构"和"最佳表述的哲学"，他对通用性如此解释："在我看来，灵活性与需求有关……沙利文说过，形式追随功能——我认为在我们的时代这一

图 1　密斯，音乐厅方案（室内透视）

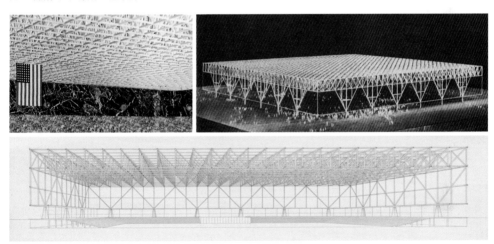

图 2　密斯，会议中心方案

图 3　密斯，克朗厅，立面局部

点已经极大地改变了。如今，功能是非常短暂的，而且我们的建设持续时间更长。因此，只有使设计非常灵活才是有意义的 [5]。"基于通用空间概念，密斯设计的结构同时实现了使用的可持续性和技术的纪念性，因此成为 20 世纪最有影响的经典之一。

皮亚诺和罗杰斯设计的巴黎蓬皮杜艺术与文化中心（1972—1977 年）扩展了通用空间灵活性的内涵，并且同样以外显的结构和设备形成技术主题的纪念性。蓬皮杜中心规模超过 10 万 m²，包括欧洲最大的现代艺术馆、一个大型的公共图书馆和音乐与声学研究中心。这个巨大的可调整的结构，戏剧性地向公众展示了一个建筑物所具有的全部基础设施，如同一台信息和交流的机器，似乎在其中一切皆可发生（图 4）。艺术中心展厅的室内跨度约 44.8m，外部另有约 6m 宽的空间可用。全部门、窗、墙体皆可拆装，没有固定的内部隔墙，在设计之初甚至计划把整个楼板也做成可以升降的，因而桁架端部采用套筒和销钉与柱连接，以便楼板可以上下移动（图 5）。罗杰斯和莱斯把自由、变动的性能塑造为建筑的本质所在，并以这种适应性超越设计任务书的限制，促进了当代文化活动的可持续性和城市生活的多样性。弗兰姆普敦就此评价说："它是先进技术威力的光辉杰作，它的外形就像一座以先进工艺装备起来的石油加工厂……它代表了一种走向极端的、体现非确定性与最大灵活性的设计 [6]。"蓬皮杜中心远超单一的"技术美学"范畴，它将结构、交通、机电技术与艺术和文化中心的人文气质结合起来，实现了通用空间在功能、空间和表现上多重意义的整合，直达建造活动的技术本质。

均质大跨度结构是建立通用空间的基础，但机电服务设施和消防策略等方面也同时存在多功能适应性的课题。这些课题对于大空间的环境品质形成根本性的影响。随着当代机电技术和基于性能的消防技术的发展，大空间在不同功能使用模式下的环境舒适度和防火安全也获得了更多保证。通用空间既指明了建筑的灵活使用方式，即随时能够改变内部的布局和使用模式，也包括长久使用的可持续性。例如巴黎的奥赛火车站改建为博物馆，19 世纪为火车旅行目的而设计的空间，如今成为印象派绘画和雕塑的展厅，就是通用空间最为生动的例证之一。

1.3　通用空间与当今的技术挑战

通用空间概念为现今大量建造的体育场、体育馆、展厅等公共建筑提供了运营可持续性的理论基础。尽管这些建筑大多只能称为"多用途场馆"，与密斯描述的空间通用性仍然相距甚远。从某种意义上来说，通用空间在实践中更多地表现为空间的多功能特征。同一空间中多种活动的需求与强调功能分区的观点截然相反，它提出了实现建筑、结构、机电技术整合的新要求。

以福斯特设计的索恩斯伯里视觉艺术中心（1974—1978 年）为例，这个中心包含一个完整的长方形大空间，长 130m，宽 30m，高 7.5m。大空间由钢管组成的门形框架和双

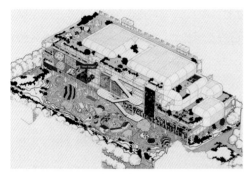

图4　皮亚诺和罗杰斯，蓬皮杜艺术与文化中心，初始概念

图5　皮亚诺和罗杰斯，蓬皮杜艺术与文化中心，结构

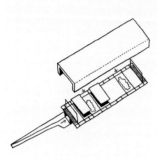

图6　诺曼·福斯特，索恩斯伯里视觉艺术中心

层墙体围合，墙体内层和外层空腔约 2.4m，其中安装了机电服务管线、卫生间和暗房等辅助设施。室内没有通常意义上的墙体，餐厅在一头，然后是教室、画廊，以及接待区和临时展览空间，学生、学者和访客的活动都安排在同一屋顶下（图6）。传统上这一系列设施可能需要几栋建筑来满足，但单一空间的整合鼓励创造性的交流和不同身份人们之间的互动，使艺术学习能够在一种非正式的、轻松愉悦的氛围中进行。屋顶的自然光不仅基于能源考虑，也给这一场所增加了精神意义。这种大空间的标准化设计被称为"高技术大棚"，应用于许多不同类型的建筑中。福斯特发展了密斯在克朗厅的设计，展示了通用空间在鼓励校园生活多样性方面所起的作用。

　　展览大厅仍然是现今最为典型的通用空间，单个展厅的规模经常超过 10 000m²，采用模数化标准展位设计，屋顶和地面提供足够的预留荷载，在均匀分布的地槽内设有电力、电信、压缩空气等设备管线接口，以支持展位的灵活组合和个性化展台的搭建。除了工业展、消费展等各类展会，大型展厅还能够容纳更多样的活动。展厅本身是一个未完成的空间，只有经过周密的展台搭建、灯光音响布置，才能实现预期目标，完成布展后转变成为一个为人所用、具有体验价值的空间。因此，就展厅而言，通用空间即是一个未完成的技术框架。例如上海新国际博览中心 5 号展厅曾经举办 2002 年网球大师杯年度总

图 7　国家会议中心展厅：空场、展览和击剑比赛

决赛，2008 年北京奥运会的击剑比赛在国家会议中心的展厅举行（图 7）。

体育馆同时作为比赛、文艺演出、会议、展览等多功能空间使用已经成为一种惯例。室内的场地一般设计为各类多功能场地，例如中国近年新建大型馆较多使用 40m×70m 的场地尺寸，这一尺寸可以用于大型体操比赛，也可以容纳其他更小场地的比赛，尤其是篮球和冰球比赛。当使用比较小的场地举办竞赛或举行演唱会、大型会议时，可依靠临时看台和临时座椅来实现可变的看台容量。场馆的这些多功能使用大多通过审慎的设计和技术处理才能达到均衡，预先考虑好各种设施条件以使每种使用场景都相对便利，并形成良好的使用体验。

通用空间对于场馆基础设施提出了更需预见性的要求。空间内的使用负荷需要考虑到最大人流量和各种不同的使用模式；空调、照明和声学等专业也需要充分考虑多功能使用的要求。因为使用模式不够明确增加了潜在的火灾风险，因此通用空间采用的消防安全措施也更为严格。

1.4　通用空间的局限

在通用空间的概念中存在一种空间均质性假设。这种假设忽略了人对于空间的不对称感知，即空间的真实面貌是异质而非均质的。由于实际使用流线、出入口关系、交通组织等原因，通用空间内产生距离远近的不同；而阳光、场地和外部景观环境的特征等诸多差异，也使抽象的均质空间事实上成为异质的。

对于真实的建筑体验来说，通用空间无法和特定功能的空间相对照，两者都有各自的意义和局限性。举例来说，很多体育场按照田径比赛设计，观众看台围绕田径比赛场地布局，同时还要在场地外安排竞赛管理和媒体混合区等空间。当这样的体育场用于足球比赛时，因为外围田径场地的存在，观众距离足球场地的边界比较远，无论观众观赛的体验或运动员在场地中的体验，都不如专为足球场设计的体育场气氛那么热烈。由此需求出发，巴黎的法兰西体育场（1995—1998 年）和新加坡国家体育场（2014 年）都使用大型的机械活动看台来转换田径比赛和足球比赛的不同布局。

通用性或多功能性在某种程度上削弱了一些特定的体验感受。因为越是精微深刻的体验，就越是依靠特殊设计的空间。国家大剧院分设歌剧院、戏剧场、音乐厅和小剧场，为每一类演出设计的空间和舞台、技术系统增强了特定艺术表演的魅力，让观众有机会获得极致深刻的视听体验。设计中采用通用空间或特定空间是由一系列带有价值判断的技术选择决定的。在这一背景下，欧洲的足球俱乐部多有专为足球比赛建造的体育场，而美国发达的冰球和篮球职业联赛促成了大量的体育馆围绕冰球和篮球比赛而设计。

同时，通用性也意味着某种未完成的状态。这种状态形成了体育、展览建筑的使用特点，即为每一个特定的场景需要进行临时设施的计划和安装。奥运场馆就是典型的例子：每一次比赛都需要针对场馆进行临时设施的设计和安装；对剧院来说，则意味着为每一次演出安装特别设计的舞台道具和布景。这种未完成状态允许使用临时设施弥补通用空间均质性假定的局限，从而实现更为具体的建筑体验。

2　场景转换

考虑赛时、赛后的多种使用模式，不同场景的转换是体育场馆运营面临的普遍问题。体育建筑策划设定场馆的可持续运营和环境目标，由此推动新建、改扩建场馆的结构构造、材料设备、建造工艺等技术体系的研究和实践。国家速滑馆的策划针对副厅和临时看台两个辅助空间在赛时 / 赛后不同场景的转换进行，对设计的出发点产生了决定性影响。针对国家游泳中心的冬奥会改造，通过冬季 / 夏季运营场景的策划，设定实现冬奥会功能和长远运营功能的研究方向、设计标准，以及支持这些场景转换的技术体系。建筑策划和设计相互交融，不断推动可持续理念的发展和建筑技术系统的研究与应用。

2.1　体育建筑场景转换的概念

很多体育建筑由赛事立项，致力于满足特定体育比赛的功能和工艺要求。事实上，赛时模式需要向赛后模式转换；在日常运营中，除了特定项目的比赛之外，不同规模的体育场、体育馆、游泳馆都需要适应于多功能运营。不同活动使用场馆大空间和附属空间的方式不同，对应的室内声光热湿环境、电力供应、监控系统甚至结构吊挂等各有需求。由此，建立不同使用模式下的运营场景，对场景相互之间的快速转换进行全面的策划研究，灵活响应公共活动需求的变化，是体育场馆可持续运营的核心保障。

在体育建筑的具体实践中，设计任务书通常难以准确全面地界定运营场景、环境目标和技术体系。因此，策划和设计总是以交互的方式进行，设定为大型比赛和社区体育而新建、改扩建的永久设施、临时设施要素，包括体育场地、看台、附属设施的规模与标准等关键要素及其转换；同时也针对环境可持续所对应的绿色建筑标准、降低环境影响和能源消耗等目标展开研究。这些研究的重点在于：以何种空间构想和技术体系实现不同场景转换的运营和环境目标；当受限于技术体系时，又如何反馈和对目标进行调整。总体来说，建筑策划设定的目标推动了新建、改扩建场馆的结构构造、材料设备、建造工艺等技术体系的研究指向和实践，在满足当代体育竞赛前所未有的复杂功能的同时，达成建筑的可持续性。

国家速滑馆的设计开始于 2016 年，承担大道速滑项目的比赛和训练，是 2022 年冬奥会北京赛区唯一新建的冰上竞赛场馆；国家游泳中心设计始于 2003 年，是 2008 年北京奥运会游泳、跳水、化样游泳的比赛场馆，经更新改造之后承担 2022 年冬奥会冰壶和冬残奥会轮椅冰壶比赛。基于运营场景转换的空间构想来自赛时／赛后的功能策划，并由此决定了两个场馆的建筑形式。国家游泳中心的夏季／冬季场景转换，由功能策划决定了可拆装冰场、室内环境转换等技术体系的研究方向。在这一过程中，策划和设计形成一种紧密的互相融合的关系。一个新建场馆，一个改造场馆，从两个维度践行《北京 2022 年冬奥会和冬残奥会可持续性计划》。

2.2　由内而外的策划与设计

体育场馆是由内而外的设计，场馆的核心空间是比赛场地和围绕场地的看台构成的大跨度公共空间。在比赛大厅周边设置支持比赛功能和运营场景的各类辅助空间，结合适当的"通用空间"考虑。观众看台尽量靠近场地，以创造良好的比赛气氛。同时，采用紧凑的看台设计以有效地控制比赛大厅的体积，从而缩减结构跨度和围护幕墙的尺度，节省空调、照明等能源消耗。作为设计的起点，场地和看台的设计至关重要。场馆的大空间在建设、改造和运营的全生命周期中，消耗大量城市和环境、社会资源，尤其需要理性科学地策划和思考。

奥运会这样一个大型事件的利益相关方和参与者如此众多，直至比赛开始之前，功能和设施细节的变化持续不断，以至于没有一个确定的任务书可以遵循。应对这种变化的方式是通过建筑设计完成场馆的永久设施建设，而通过另外的运行设计来应对赛时临时设施的建设。因此，在建筑设计阶段，致力于解决那些永久性的空间和结构、设备的核心问题，而甄别那些易于变化的需求，留出灵活的空间为运行设计的修改预留便利条件。在建筑策划阶段就需要对赛后综合利用进行合理定位。

2.3　国家速滑馆赛时／赛后场景转换

国家速滑馆设计方案的出发点是针对赛时／赛后场景转换的动态过程的建筑策划。赛后拆除临时看台，在临时看台的空间建立赛后运营的冰场副厅，同时解决了临时看台的空间利用和副厅建筑体量整合两个难题，并实现了控制建筑规模的目标。

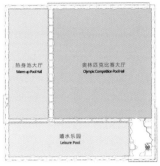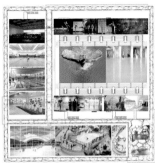

图 8 国家游泳中心：赛时、赛后示意和临时看台拆除后的运营场景示意

在概念设计之初，国家速滑馆参考了国家游泳中心（水立方）临时看台转换的思路。在 2008 年奥运会赛时，水立方容量为 17 000 座，赛后永久看台仅为 6 000 座。二层及以上的高区全部采用钢结构临时看台，赛前即完成了赛后改造的初步设计。2009 年，水立方开始赛后改造，实现了最初计划的场景转换：拆除临时看台，在赛前预留的柱网上继续建造了南北两栋小楼（图 8）。南小楼主要为旅游商业和餐饮服务，还包括一个小剧场；北小楼包括亲子游泳俱乐部、一个篮球场、体育主题的咖啡厅等设施。经过这次转换，水立方从一个单纯的竞赛型体育馆，转变为一系列大、中型通用空间和商业服务交织的综合性公共中心，为赛后的成功运营提供了空间基础。

速滑馆的设计首先来自围绕速滑大道的看台设计。冬奥会时，速滑馆看台设有 12 000 座席；赛后计划保留 6 000 座，另有 6 000 座为临时看台。设计初始，即把临时看台作为赛时、赛后场景转换的核心问题处理。对照以往世界各地速滑馆的状况，围绕 400m 速滑场地，永久看台和临时看台有如下三种布局方式：

1）将临时看台设在场地周边的内环，如同盐湖城冬奥会速滑馆（Utah Olympic Oval）的模式。赛后拆除临时看台，在场地和看台之间形成田径跑道。这样，永久看台不得不远离场地，难以继续举办速滑比赛；而跑道的专业性固然不如国家体育场（鸟巢），乐趣又不比邻近的森林公园跑步道。这个方式不适合国家速滑馆的情况。

2）将临时看台布置在永久看台外环。赛后拆除，留下的空间可以形成一个环形的商业运营空间。环形周长超过 400m，而进深又非常短，使用相对不便。即使仅沿场地的长边布置临时看台，拆除后的空间也甚局促。从水立方的运营实践来看，3 层及以上的业态受到较多的限制。

3）将临时看台尽量集中布置，使移除后的空间完整开阔，并可容纳较大尺度的空间。为赛场氛围考虑，在场地周围环形布置若干排看台，临时看台布置在二层及以上。这个布局方式能够支撑完整的单一椭圆形体积策略，是最有利的选择。

2022 年冬奥会冰壶比赛在国家游泳中心举办，在某种意义上冰壶赛场是一个临时场馆。申办期间，世界冰壶联合会（World Curling Federation）提出，在冬奥会之后保留永久的 4 条冰壶赛道作为冬奥遗产，以推动冰壶运动的发展。开初计划在国家速滑馆设一个冰场副厅，来自这一提议。因此，在竞赛文件中包含一个可以容纳标准冰场的副厅[7]。这个副厅对设计产生了根本影响。

关于副厅的规模和功能定位，还有一个更大范围的考虑。2022 年冬奥会的冰上项目中，冰壶比赛在水立方，冰球比赛在五棵松体育馆和国家体育馆，花样滑冰和短道在首都体育馆。离速滑馆最近的国家体育馆就有专业的冰球比赛空间。因此，速滑馆的副厅并不需要大规模的看台来承小大道速滑之外冰上项目的高级别比赛。附近现有的场馆已经足够承担冬奥会的全部比赛，没有必要在速滑馆的副厅重复建设一个带有大规模看台的冰球比赛馆。因此，副厅的定位是赛后作为训练冰场和多功能厅服务社区。水立方的热身池大厅上方有一个同样尺度的多功能厅，日常作为网球场使用，运营成本远低于比赛大厅的大空间，用于举办各类品牌发布会、拳击赛、广场舞大赛，甚至电影新片的发布会，和比赛大厅形成良好的运营互补。速滑馆的比赛大厅本身是一个单纯清晰的椭圆形体量，如果附加上副厅的体量，会使主厅失去单一体积在形式上的纯粹性和完整性。

当我们把临时看台和副厅这两个问题合并思考，发现最佳的选择是把临时看台拆除之后的空间做成副厅（图 9）。从临时看台到副厅的转换，是赛时、赛后场景转换的关键。一方面，临时看台拆除之后的大跨度空间适合于副厅的尺度；另一方面，因为冬奥会赛时功能无须使用副厅，建筑体量由此可以保持单一完整的形式。临时看台拆除后，利用这一空间改造副厅以及周边的附属空间，可以提供多样化的商业运营机会。

这一设想从根本上控制建筑规模，缩减了赛时副厅及其相关的辅助用房的建筑面积，节省初始投资。为此目标，钢筋混凝土结构支撑体系在南北两侧预留了大跨度的开口，用于容纳赛后的冰场副厅。

看台的基本概念形成之后，最顶部的边缘沿椭圆平面形成一条连续不断、起伏优雅的空间曲线。契合曲线的形式，控制比赛大厅中部的高度，就自然形成了马鞍形双曲面屋顶。吊顶的最高点设定为距离冰面约 20m 高，以有效地控制大厅的体积。环形看台和双曲面屋顶把比赛场地完全包围起来，形成欢乐热烈的赛场氛围。而好的赛场氛围既可以令运动员比赛时更为兴奋，创造更好的成绩，也能提升观众观赛的美好体验，充分感受速滑运动的魅力。

作为设计任务的一个组成部分，副厅对方案初始的建筑体量形成决定性的影响。有的竞赛方案把副厅的体量独立处理，有的方案埋在非常深的地下以忽略对建筑主体的影响。也有参赛方案把速滑比赛大厅和副厅进行各种组合，例如三角形体量。"冰丝带"方案则通过赛时 / 赛后场景转换的动态策划，在节俭办奥的基础上，保持单纯完整的椭圆形体积，和鸟巢的椭圆、水立方的正方形体量和谐共生，形成独特的地标形象。控制比赛

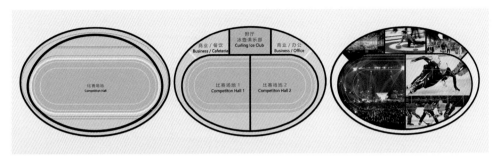

图 9　国家速滑馆：赛时、赛后示意和临时看台拆除后的运营场景示意

大厅的体积，同时回应了环境可持续目标，即采用集约的空间减小结构跨度、节省空调和制冰的能耗。

2.4　国家游泳中心冬季／夏季场景转换

为承办北京冬奥会冰壶和冬残奥会轮椅冰壶比赛，国家游泳中心创造性地提出"冰水转换"思路，形成了夏季游泳中心、冬季冰上中心两种核心模式，结合冬奥会赛时、日常旅游参观与艺术展示、大型活动，形成多种典型的运营场景。为实现这些场景和相互之间的转换，需要选择和研究针对性的技术体系，应用于场馆更新改造的设计、建设和运营。

在成功举办 2008 年奥运会比赛之后，水立方成为游泳、跳水、花样游泳的圣殿。比赛大厅的游泳池以世界"最快的游泳池"知名，每年仍然会定期举办世界跳水锦标赛、游泳锦标赛，以及北京市中小学生游泳比赛等活动。

往届冬奥会冰壶比赛的场地全部都是在永久冰场的混凝土地板上制冰形成的。因此在申办阶段的方案是在游泳池中用混凝土结构来实现冰壶场地。2015 年 7 月，冬奥申办成功伊始，场馆团队重新评估和审视这一设想，一致认同：水是"水立方"的灵魂，建筑功能、源于开尔文理论的钢结构几何体系和水滴样的 ETFE 气枕立面，都来自水的主题；永久性地失去游泳池是不可接受的。因此，采用"冰水转换"的方式，在夏季作为游泳中心运营，冬季作为冰上中心运营，兼顾大型活动、旅游参观等需求，成为冬奥会改造的核心目标。

围绕这一目标，水立方科研设计团队测试、发展和应用了可转换冰场、室内环境转换、群智能控制等技术，扩展了"赛时临时设施"的内涵，以一套灵活有效的"轻建造"方式实现冬奥会比赛功能。可转换的冰场体系超出常规的奥运会临设范围，在永久性建筑物和一次性临设之间，建立了新的奥运会技术解决方案。

2.5　体育建筑场景转换：可持续的运营

这两个场馆的案例，分别从新建和改建两个维度，印证了在体育建筑运营场景及其转换中，策划与设计的融合方法。从新建的国家速滑馆来看，关于副厅和临时看台这两个辅助运营空间在赛时 / 赛后不同场景的策划，对作为设计出发点的体积策略产生了决定性的影响。从国家游泳中心来看，冬季 / 夏季多种不同运营场景的策划，决定了实现冬奥会和长远运营功能的研究方向和设计标准，以及支持场景转换的技术体系。

3 轻质结构

使技术以可持续的方式融入当下的文明进程，是建筑学和工程技术重新获得统一的道路。现今建筑设计的每一个专业都有各自深厚的学科知识和技术体系作为基础。设计是一个整合全部技术系统的过程，至少包括建筑、结构、机电、智能化、幕墙、交通、照明、景观、消防、经济等专业的协作。每个专业的设计都直接或间接地影响建筑的形式和可持续特征；同时这也形成建筑师和工程师协同工作的主要领域。

体育建筑依靠大跨度结构支撑，因而结构对建筑形式和可持续性具有首要的决定性。现今结构工程师已经有能力处理高度复杂的体系，通过参数化设计和优化算法建立不规则空间的计算模型，通过风洞、雪洞和震动台等实验获得可靠的风、雪、地震作用的荷载依据；实验室也有条件模拟和研究复杂的结构节点、子结构直至整体体系的施工过程和工作状况。奈尔维在 1961 年就已经宣布，"结构的科学理论将为建筑设计提供无限可能。借助于新型建材和当代技术，一切新的结构方案都有可能。随着社会和经济的发展，建筑日益复杂，它为结构设计开辟了人类历史上前所未有的广阔天地[8]。"从今天的观念来看，这种可能性当然不意味着实现任意夸张的建筑形式，而是用更少的材料、更高的效率实现建造和运行的可持续性。

3.1 以少成多

材料的力学性质决定性地塑造建筑物的结构体系，轻质结构的目标是用更少的材料跨过更大的空间。轻型材料是相比较而言的，因此即便是钢筋混凝土，例如奈尔维和坎德拉的薄壳结构或网壳结构，与传统砖石结构相比也是轻质的。用于承受荷载的结构自身的重量似乎是一种必需的"罪恶"，恒载和它所支撑的活荷载的比例越小，结构就越轻。通过技术过程充分发挥材料的力学潜能，才能接近结构最轻的目的，形成轻盈自由的建筑效果，并且保护地球上有限的资源，降低建筑对环境的影响。

轻质化是实现巴克明斯特·富勒理论中"以少成多"的关键所在。阿德里安·伯克斯和艾德·凡·亨特在《轻：能耗最小化建筑的必然复兴》一书中说，"我们将缓慢而不可避免地认识到这一事实，即人们为能源付出的价格如此低廉，就如同是刀耕火种文化的一部分那样，如此熟悉以至于很难被清醒地意识到。但是在不远的将来，'轻'将再度成为我们建造任何事物时公认的出发点 [9]。"斯图加特 SBP 事务所的合伙人斯温·普林宁格在描述事务所的工作原则和方法时，显然继承了来自富勒和奥托的工程师传统："轻质，不可见，最小化的材料消耗；根据需求进行设计；易于理解的力的流动；杆件拉压受力而非抗弯 [10]。"

轻质结构直达建筑的可持续目标，以轻盈、细致和柔软的材料替代沉重、粗放和坚硬的材料。伦佐·皮亚诺把轻质建筑技术看作造就未来新世界的必然方向，他借助金属、钢丝网水泥等材料寻求没有重量感的结构，认为"轻"这个词代表了它的真实含义，一种完全基于直觉的探索，"对我来说，设计轻盈的、看起来'不可能'的结构就像是走在钢丝上，却没有可见的或现成的安全网 [11]"。在这里，"现成的安全网"是一个卓越的比喻，揭示了技术所包含的真正的创造性，而不是一成不变地选用既有的类型和成熟的准则。

寻求轻质的材料体系和技术路线，是现代以来建筑学和工程学的一个坚定方向。结构本身需要足够坚固以抵抗外部荷载，但张拉体系、充气结构等表现为轻盈自由或飞扬动感的形式，在某种程度上消解了对于"坚固"的认识。轻不仅代表材料事实上的质量，还通过表达方式塑造人对建筑重量的感知。轻质化并非设计追求的唯一标准，但是却代表了在材料的力学潜质上的一种不懈努力，并且改变了我们的建造方式。在罗马万神庙中，就已经采用分层的、越来越轻的骨料拌合天然混凝土来建造穹顶，穹顶上的方格镶板把室内空间的表现力和减轻结构重量的几何方法合而为一。从生态、社会和文化观点来观察技术，轻型材料和结构从未像当今时代这样如此必要。轻质材料通常还可以回收重复利用，更容易达成可持续的环境目标。由轻型材料构成的结构需要更为精细的设计、生产和安装过程，这一过程直接促进了可持续技术的不断发展。

3.2　空间结构仿生学

自然界对于建筑师和工程师教益良多，最为明显的莫过于高效率的新陈代谢所包含的启示：自然界总是建立在最小的能量消耗基础上，并且有限地使用资源。仿生学研究生物学系统和方法在工程和社会领域的使用，通过拓扑、组合和分形等方法对照自然界的构造方式，模拟自然界的形态生成过程以实现设计构成和性能优化，并且通过学习自然界的组织方式来改进系统的行为。结构仿生学的目标同样针对自然界深层的构造方法和进化机制，与采用肤浅的、表面化的建筑形式具象地模仿生物形态存在根本的区别。结构的意义来自思考的深度和通过技术过程对力学形式的抽象表达。

这一领域的现代创始人一般认为是富勒。他着眼于经济性和效率，认为"自然总是建造最有效的结构"，由此提出了张拉整体结构的原则。这一原则描述一个在连续不断的拉力杆件（索或钢筋束）中，独立的压杆（棒或支柱）互不接触而形成的空间体系

（图 10）。斯图加特大学在杜塞尔多夫 1996 年玻璃技术展览会展示了一个用玻璃和钢制作的张拉整体结构，玻璃棒作为压杆，使用预张法安装（图 11）。美国乔治亚的超级穹顶（1992 年）和大卫·盖格尔的索穹顶设计（图 12）都是张拉整体结构的典型例子。这一原理还超出建筑学范围，影响到生物学等领域。生物张拉整体性概念由斯蒂芬·莱文博士提出，是张拉整体性原理在生物有机体结构上的应用。生命体结构，例如肌肉、骨骼、韧带和肌腱，刚性和塑性的细胞膜等，是由张拉和受压部分协同一致而获得力量：肌肉和连接的组织提供连续的拉力，而骨骼则产生断续的压力。

卡拉特拉瓦的结构形式代表了用几何视角观察自然现象所获知的复杂规则，在雕塑性的空间中采用人体仿生原型，例如眼睛、手掌和脊柱，以及运动的姿态等；而自然仿生例如树枝、树叶和飞鸟、动物骨骼都成为结构灵感的源泉。卡拉特拉瓦称来自自然界的启示包括材料的最优使用，以及有机体变形、生长和运动的能力等。

在苏黎世的斯塔德霍芬火车站（1990 年），卡拉特拉瓦首次尝试运用人体和解剖学概念。尽管面临场地狭窄等许多因素的限制，设计仍然创造了富有动感的趣味性，以张开的手掌为原型，选择手掌侧面拇指与食指之间的部分演变柱子的形式，这种形式在整个设计中频繁地重复使用（图 13）。之后卡拉特拉瓦使用了更多参照人体的感性建筑形式，例如肋骨组合和类似环形的混凝土构件，从而实现一个有机的整体形式。与托马斯·赫尔佐格为汉诺威世博会大屋顶所制作的草图非常相似（图 14），卡拉特拉瓦为桥梁的竖向支撑设计的柱子类似于将双手举过头顶的人的身体，它们支撑着桥面（图 15）。

谈及解剖学的意义时，卡拉特拉瓦说，"不管我们做什么，事物的尺度总是与我们的身体相关。建筑以一种非常自然的方式与人直接关联，因为它本来就是为人使用，由人所创造。这使得解剖学成为灵感的强有力的源泉。文艺复兴时期人体解剖学是秩序和比例系统的基准，而 20 世纪的模数系统也是如此。解剖学中手、张开的手的概念，眼睛、嘴、骨骼的概念，全都成为概念和灵感的丰富的来源。在我们身体的建构中所包含的内在逻辑，对建筑也非常有益 [12]。"基于这一方面的贡献，卡拉特拉瓦应纽约城市芭蕾舞团的彼得·马丁斯邀请，为该团 2010 年的春季演出设计背景，把基于人体的建筑方法和真正的舞蹈艺术融为一体（图 16）。

伦佐·皮亚诺和彼得·莱斯合作设计的很多项目采用了自然、有机的，来自生物学的结构、形式和现象。他们持有相同的观念，即如何采用尽可能少的材料达到结构、承重部件和节点类型的最高性能，以达成最佳的建筑概念。坐落在大阪附近人工岛上的关西国际机场（1990—1994 年）是两人合作的最后一个项目，航站楼长达 1.7km，在 4 年的时间里建成这样一个技术完美的杰作应该归功于跨专业和国际合作的配合。这个航站楼弯曲的空间构架参照恐龙的骨骼，如同一个巨大的有机体，把自然融入技术之中。尽管这个结构带有看似强烈的自然形式，但是凭借皮亚诺和莱斯对技术过程的掌握而超出

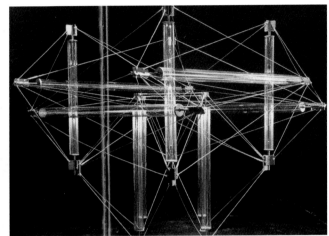

图 10　富勒和张拉整体结构实验模型　　图 11　张拉整体结构，1996 玻璃技术展会

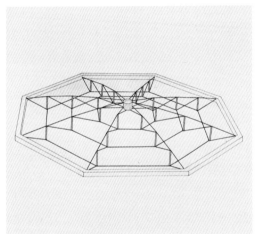

图 12　大卫·盖格尔，索穹顶

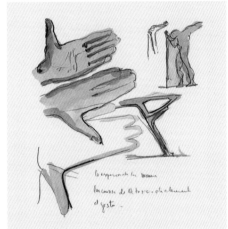

图 13　卡拉特拉瓦，斯塔德霍芬火车站草图

图 14　托马斯·赫尔佐格，世博屋顶的支撑结构草图

图 15　卡拉特拉瓦，桥梁支撑

图16　卡拉特拉瓦，纽约城市芭蕾舞团，舞台装置

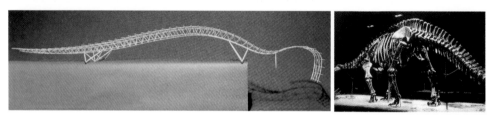

图17　关西国际机场，结构和恐龙骨架比较

了单纯的象形范畴（图17）。事实上皮亚诺把自然看作灵感的源泉，而不是模仿的对象。他就此解释说："我所采用的自然材料和形式已经导致一种持续的误解，认为我在效仿自然，但我从不这样工作。近观自然，你总能学得很多。完全的模仿即便不是荒谬的，也是非常幼稚的做法。一个人充其量也只能说某些元素来自物理和机械的法则。一个建筑物的外表或许令人想起贻贝，因为贻贝具有奇异的结构，经过千万年的进化；但是要知道：建筑并非隐喻，后面没有隐藏的含意。教堂就是教堂，贻贝就是贻贝。这里或许确有某种程度的相似性，但我宁可把它当作一种参照，而非模仿。人认识到什么事情，但无从确定，就像我们听音乐的时候一样。我工作的核心在于重返结构、空间和情感的联系之中[13]。"

3.3　建构几何方法

"结构选型"是一个容易误导的概念，因为结构的构成是基于每个建筑独有的设计，而不是仿佛从手册中做一个现成的选择。采用"建构几何方法"替代结构选型概念更能反映设计形成的过程，空间结构仿生学在设计实践中就基于建构几何方法来实现。

结构的几何构成来自数学模型，尤其是空间填充法。数学揭示自然界蕴含的真理，而建筑学则应用和丰富这些知识。数学和建筑的关系早已远远超出古典时代比例关系的应用，描述曲面、分形、拓扑等复杂空间关系的数学模型更为广泛和深刻地用于设计之中，经由参数化设计产生和优化的形式也源自数学方法的发展。建构几何学在建筑中同时决定主体结构支撑和幕墙、围护结构的构成，直接影响建筑形式和空间状态，形成设计的核心特征。参考巴斯大学的克里斯·威廉的方法，定义曲线形几何形式的方法可以分为三种类型[14]：

1）雕塑型：手工制作雕塑模型，或者使用计算机建立可以交互调整的数字模型。

2）几何型：由几何实体定义，例如简单的球、圆柱或圆锥，或者能用计算机建模的更为复杂的几何形。

3）物理型：形状由物理学过程控制，例如肥皂泡或者悬链，可由实体模型或数学模型分析及数字化。

除了这三种基本模型，最常见的是混合使用这些基本模型的方法。把雕塑型和物理型混合起来使用的一个例子是手工弯折铁丝（雕塑型），然后把铁丝浸入肥皂水中拉出肥皂泡来获得的曲面形状（物理型）。把几何型和物理型方法结合的例子，如用两个平行的圆环来形成肥皂泡，圆环是简单的几何形，而肥皂泡形成一个旋转的悬链线形式。没有哪种塑形方法是最完美的，因为建筑、结构和环境的限制条件各个不同，设计的可能性也没有穷尽。另外，建筑师和工程师使用不同技术方法的经验也有区别，尤其是其他行业的工具，例如雕塑、汽车或船舶设计。传统上大型的雕塑和汽车都使用黏土制作小比例的模型用以测量、建模和放大。现在这些工作大多由计算机软件完成，例如，盖里事务所使用法国达索公司开发的用于飞机和汽车设计的 CATIA 软件① 来生成复杂的形体和几何形式，尽管它的起始点仍然是实体模型。

水立方的空间多面体结构来自细分三维空间的韦尔–费兰模型，形成水分子样的不规则立面；国家速滑馆的单层索网结构来自悬链线模型，形成马鞍形双曲面以减小内部容积。两者都是采用建构几何方法仿生自然形成的轻型、高效结构。

3.4　可再生材料

可持续的建造方式应该消耗更少的能源，在材料的来源、处理、加工、应用和回收等各个环节中提高性能表现。对材料的使用应致力于建立人和环境更友好的关系，即不是主宰环境，而是以地方性的敏感和生态化的知觉与环境共存。从根本出发点上来说，

---

① CATIA 是法语 Conception Assistée Tridimensionnelle Interactive Appliquée 的首字母缩写，同时也是英语 Computer Aided Three-dimensional Interactive Application 的首字母缩写。CATIA 有非常强大的三维曲面建模功能，用于航空业和汽车业，例如波音 777 飞机和空中客车、F1 赛车的设计。鸟巢的空间弯曲钢结构也采用这个软件建模。

可持续的观念与材料的使用方式密切关联，即选择和设计对环境影响小的材料，并且尽可能少量地使用它们。大型公共建筑采用的复杂技术依靠高度工业化的生产组织才能实现，从而在某种程度上导致了在材料使用上全球化的设计趋同——结构钢材、金属屋面板、膜材等可能在遥远的工厂生产，然后安装到世界各地的建筑中。在这一背景下，重新思考多样化的可再生材料的价值成为建筑中有意义的探索方向。除了现代技术中传统的混凝土和钢材，木材、铝材、竹材、纸管等技术体系也获得发展。

以木材为例，木材和集成材具有自然的纹理、色泽和温暖的触感，它自重轻，可以进行复杂的曲线加工，并为大跨度结构提供优质的抗震、声学、热工等性能。木材在德国和加拿大、北欧等地供应充足，因而以创新的技术过程和方法使用木材得到鼓励和支持。木材的自然生长依靠阳光，可更新、回收利用，生产所消耗的能源远小于混凝土和钢材。胶合集成材产生于19世纪末，1942年之后随防水胶的发明获得巨大发展。使用长效、防潮的结构胶把多层小规格的定尺木材黏合，可以形成大型高强度的结构部件，例如柱、梁、曲线的拱等，用于大跨度和复杂的形式。按照重量比较，集成材的抗拉强度两倍于钢材。2002年的一项研究对照了挪威奥斯陆机场的两个方案后认为，生产屋顶钢梁和木梁相比，要耗费2～3倍的能源，6～12倍的化石燃料[15]。出于环境友好和资源有效性的考虑，从全寿命周期评价，木结构成为建筑的有效选择之一。坂茂在蓬皮杜中心梅斯分馆（2006—2010年）① 的设计中采用16km长的集成材组成六边形网格屋顶，宽90m，覆盖面积约8 000m²，和白色特富龙涂层的膜材一起，形成自由起伏的曲面，发展了奥托在曼海姆设计的木质自由曲面网格屋顶（图18）。

华盛顿的塔科马穹顶和北密歇根大学的超级穹顶都使用木结构短线穹顶体系，后者直径达163m，永久座席约8 000座，是目前为止世界跨度最大的木结构穹顶，用以进行美式橄榄球等比赛。伊东丰雄和竹中工务店联合设计的大馆树海穹顶（图19）长轴178m，短轴157m，高52m，内部空间可以进行棒球比赛。这个穹顶采用双向胶合木杆件和钢管连接件构成空间桁架，平面内采用钢拉杆。屋顶覆盖白色的双层PTFE膜，透过屋顶的自然光和木材的感受形成一种愉悦的氛围。SOM设计的1998年里斯本博览会大西洋馆（后更名为MEO竞技馆），是一个包括演艺、会议、体育比赛等活动的多功能馆，最多可容纳约20 000人，结构用木材全部为瑞典松木，耗材逾5 600m³。1998世博会的主题是"海洋或未来的知识"，庆祝15世纪葡萄牙的航海发现和大西洋的时代。采用大帆船一样的木结构来支撑这个太空船或者海洋生物似的大空间，看起来比混凝土或钢都更具象征意义（图20）。卵形的内部空间如同教堂一样，木桁架跨度逾110m。除了各种体育比赛之外，这个场馆还举办了2005年MTV欧洲音乐大奖等活动，麦当娜、女神卡卡、布兰妮·斯

① 这个馆的设计竞赛于2004年举办，评委会主席由理查德·罗杰斯担任。

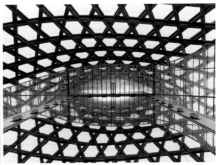

图 18　坂茂，蓬皮杜中心梅斯分馆（左）与室内（右）

图 19　伊东丰雄和竹中工务店，大馆树海穹顶室外（左）与室内（右）

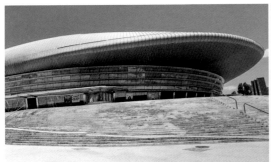

图 20　SOM，MEO 竞技馆室外（左）与室内（右）

皮尔斯都曾经在此演出。

　　托马斯·赫尔佐格设计的世博大屋顶是汉诺威 2000 年世博会和未来将在此举办的那些展览的象征，贴切地反映了当届世博会"人类－自然－技术"的主题：曲面屋顶优雅而充满力量，用于保护人们在下面举行演出、艺术等活动；以创新的方式大规模应用木材，透明和半透明的表面、线性和平面元素交织在一起，贴切地揭示了自然的主题；而先进的工程设计和屋顶的膜结构都代表了当时的技术水平。这个屋顶包括 10 个独立的棚顶单元，每一个单元大约 40m 见方，高 20m，由中央木柱和四面悬挑的双曲面网壳屋顶构成，覆盖了 16 000m² 的空间。每个中央木柱包括 4 根实木制作的树干和加强木板，每个屋顶单

图21 托马斯·赫尔佐格，汉诺威2000世博会大屋顶

元也分成4个部分，令人联想到广场上的阳伞被风吹成反向的样子。屋顶半透明的PTFE膜固定于纵向肋上的钢索，钢索则用环状螺栓锚固在木网格上，各个单元之间的条带使用ETFE覆盖，膜和木材在任意位置都不接触。屋顶并不试图形成飘浮的感觉，而致力于展现木材作为一种坚固、视觉上大胆和充满力量的承重结构时所具有的表现力，优雅、复杂而且精致（图21）。结构构件由数控机床制造，电脑描述的三维几何尺寸传送到生产机器以保证足够的精度。网壳的形状复杂，曲线剖面持续变化，因此需要大量的空间坐标来定义。所有的木材都保持自然色调，反映自身的特性和加工的过程，并且会随时间而改变。通过切割、弯曲和黏合木材形成微妙的形式，实现了结构的基本目标，即保护人们免受雨、雪和阳光暴晒。阳光透过半透明的膜材和网格结构形成柔和的光影。另外，大屋顶的施工过程还证明，通过细致的分工协作，中等规模的木材生产和施工企业可以利用最先进的技术合作完成创新的大尺度结构。大屋顶因原材料的选择、制造过程到生产技术的全部环节中所包含的环境理念获得德国环境基金的支持。木结构技术和数字化生产使这个结构如同木质的雕塑一样魅力四射，代表了木建筑的前景，坚固、耐久、广泛适用于多种功能，正如同石头、混凝土和钢材一样。

4　高效能环境技术

气候变化和日益严峻的环境问题深刻地改变了建造的方式，以最小的能源和资源消耗实现建筑内部的环境目标已经成为当代建筑技术的核心命题，要求建筑的系统性能更为高效，采用可以更新的部件，以及对建筑物全部生命周期能源、资源消耗的综合考虑。富勒率先从全球化的视野把高效能设计的目标引进到建筑学中。可持续性绝不仅仅是一个时尚的术语，而关系到我们真实的生存问题。

采用高效能的环境技术包括为建筑空间设立恰当的环境和能源目标，充分利用自然光、自然通风和可再生能源，以及有效利用不断进步的人工照明、机电设备和控制系统。可持续的环境目标促使我们重新审视那些习以为常的建筑问题：建筑的位置和功用、灵活性和运行周期、朝向，形式与结构、机电系统、材料。这些都影响到建筑建造和维护所消耗的资源和能源，气流、光和水流等自然法则成为塑造建筑形式和特征的出发点。福斯特和标赫设计的沙特儿可汗娱乐中心（2006—2010 年）可以作为解决大空间复杂环境问题的一个例证。阿斯塔纳冬天和夏天的极端气温达到 −35℃和 +35℃，因此所有的娱乐设施由一个三层 ETFE 的大帐篷覆盖，通过高效的环境技术，设计目标是保持主要使用空间的室内温度在 15～30℃。

设备系统现在已经构成支持建筑物理环境和运行的智能网络。水晶宫当年所面临的太阳辐射热聚集的问题，今天已经可以依靠材料技术和机电系统来解决，尤其是大空间分区空调和气流组织的广泛采用，在人员使用区实现舒适的温湿度控制的同时，还能达到绿色建筑的节能目标。除了建筑中固定安装的机电设备系统，在奥运会这样高负荷的运行状态下，还通过增加临时机电系统来保证建筑短周期内的顺利运行。

环境技术是机电工程师的专业领域，但在现今的建筑中与空间、材料、结构高度整合，并极大地影响建筑立面和内部空间的设计。与自然光和自然通风相关的方法一直都是重要的技术手段，不仅用于提升物理环境的舒适性，同时也存在于非物质化的层面，实现设计和地域环境的内在协调。

4.1　自然光

将自然光引入建筑物内部的意图很多，包括：

1) 保证日照和健康；

2) 加强室内外的视觉联系，塑造一种半室外环境；

3) 使室内环境更轻、更亮，改善颜色再现、空间定义和时间暗示，提升人对内部空间的感知，包括感觉更放松和增加视觉舒适性，减轻疲劳等；

4) 降低人工照明负荷，节省电力能源消耗。

光与结构和材料结合而触发人的强烈感知，尤其是自然光线。罗马万神庙、圣彼得大教堂，以及圣索菲亚大教堂等典范塑造了神圣的光的主题。当代建筑用全新的技术方式持续探索光的表现力，自然光的质量和人在空间中的感受成为设计的核心问题。克里斯蒂安−诺伯格−舒尔茨在论证哥特建筑的意图时曾说，"作为精神的元素，光改变了自然和人格化的实质；它照亮了我们日常世界中的东西，并赋予它们新的意义。我们将这一过程中的建筑学方面叫作'非物质化'"[16]。

斯图加特的新火车站为地下巨大的空间提供了自然采光和通风，同时作为结构支撑而采用了连续的漏斗形构造（图22）。这些漏斗由钢筋混凝土壳体制作，36m跨度，厚度仅为跨度的1/100。它的形式看起来非常接近奥托设计的蒙特利尔世博会德国馆漏斗状张拉结构单元的倒置版本，以最佳形状实现最薄的结构厚度。漏斗中间的"眼睛"用于塑造特别的自然光效果，实现自然通风，而且还连接了地下的通风隧道。通过这种方式，这些漏斗把结构、自然光和自然通风的环境效应和大空间的设备整合为一体，成为一个集成当代技术的示范。不仅如此，漏斗内的眼睛还在视觉上连接展厅内部和平台上的公共空间，从而赋予这个新的火车站一种空间上的整体性，在自然和人工环境之间获得一种微妙的均衡。

4.2　高性能立面

罗杰斯认为，未来最好的建筑将与气候互动来更好地达到使用者的要求。建筑内部环境的控制需要高性能的立面系统来实现，只有基于遮阳、通风、保温隔热、隔声等各种性能与环境互动时才获得生命力。这些技术过程综合起来，共同塑造了立面的视觉状态。降低能源消耗是立面的主要技术目标。以屋面系统为例，各构造层需要综合考虑防水与排水、保温隔热、防火、隔声与吸声、采光、遮阳等性能要求。针对这些性能的处理会影响室内外的材料和空间表现，产生立面的各种组合层次，例如遮阳立面和双层立面。马德里机场T4航站楼玻璃立面和钢百叶遮阳的组合用于阻挡西班牙夏季的烈日；长野冬奥会白环体育馆的双层屋面系统通过空腔的通风间层提高屋面的保温性能，夏季和过渡季则减小室内的热负荷。这些都是典型的例子。

4.3　顺应地形

与地形结合的处理可以减小体量感，并与特定环境更好地结合，例如覆土方法可以改善建筑的热工性能。大阪中央体育馆（1993—1996年）位于八幡屋公园内，主馆约10 000座位，还有一个副馆和其他附属设施。因为公园的绿化率要求，除了大厅中央的采光通风天窗，包括110m直径的主馆在内的大部分空间都建于地下，预制钢筋混凝土穹顶上采用约1m厚的种植屋面覆盖，成为一个草木繁茂的绿色公园（图23）。这一设计不仅

图 22　斯图加特总站

图 23　大阪中央体育馆

图 24　柏林奥林匹克自行车馆和游泳池

改善了公园局部地区的微环境，也充分利用了覆土层的保温隔热性能，因与自然的融合和协调获得 2000 年 JIA 可持续建筑奖。

　　柏林奥林匹克室内赛车场和游泳池（1992—1997 年）由多米尼克·佩罗设计，也采用了类似的处理（图 24）。在大约 200m 宽，500m 长的绿地中，圆形的金属屋顶下是赛车场，直径 142m，约 12 000 座位，长方形屋顶下是游泳池（图 25）。

国家速滑馆的设计目标包括减小巨大建筑的体量感，并理性地利用能源。主要的场地层位于地面以下 5.4m，从而在保证室内高度的同时减小占地面积，通过缩小直接暴露的表面使建筑的热损失降低到最小。

4.4　中间环境

罗杰斯事务所的麦克·戴维斯使用"中间构筑"这个词来描述类似维多利亚火车站和考文特花园市场这样有顶盖而不完全封闭的大空间，介于全部空调的封闭空间和简单的开敞顶盖之间，并使用树冠浓密的森林来做类比 [17]。人在山谷空地中行走，常受雨打风吹；一旦进入森林，雨滴被树冠挡住，风也变成了树梢的沙沙声。人置身外部，某种意义上也可以说是"里面"。森林创造自己的局地气候，缓冲外部环境的影响，成为一种介于真正的外部和内部之间的"中间环境"。我们一方面有一些空间，只有简单的顶盖，不设空调和采暖，例如维多利亚火车站的顶棚，可以为乘客遮风挡雨，比之完全室外的环境显然要更为舒适；另一方面也有一些全部空调、能量消耗巨大的建筑，需要复杂的控制系统，大量的服务和机房面积，具有高度的技术复杂性。在这两者之间存在一种中间环境。

开放的体育场为大量的观众提供遮阳棚顶，之后出现了复杂的可开启屋盖，在恶劣天气时为观众和草坪提供保护。开敞的大空间无须大量的能源来运行，但是大型公共空间一旦封闭起来，就会产生一系列新问题。封闭体育场不可避免地需要在某种程度上控制内部环境，根据地理和气候改善内部使用性能。中间环境意味着大尺度的围护结构，像森林的例子一样，超出简单的遮风避雨的棚顶，但又不是全空调的室内空间。圣潘克勒斯车站是19世纪大型棚顶的例子，而水晶宫和邱园的棕榈室则创造了那个时代的中间环境。富勒提出的穹顶城市包含了中间环境的精髓，伦敦的"千年穹顶"更是中间环境的典范。中间环境与特定的地点密切相关，以高度个性化的设计与当地的气候条件相结合。虽然这些巨大的中间环境的总体原则易于理解，但是很难把这些项目的结论和技术应用于另外的地点。每一个项目都需要从基地的特征、外部环境参数、地形特点以及内部需求、性能和特定的运营问题等进行综合考虑，通过复杂的环境分析和流体动力学预测空间内部的性能。

千年穹顶所在的格林尼治半岛夏季有强劲但温暖的西南风，冬季的冷风则从东北方向的波罗的海和西伯利亚直接吹过来，在这样的气象条件下人们不可能进行全年的室外活动。千年穹顶试图在这样的条件下创造一个世界上最大的、有顶盖的单一公共空间，建成之后成为一个巨型的中间环境，不仅仅是一个简单的屋顶，但也难以看作是一个真正意义上的建筑。穹顶由双层织物膜构成，可见光透射约12%，遮阳系数为0.08[18]。在冬季，穹顶内通过地面供热，但无法完全补偿外部极端低温的工况；夏季供冷和通风，但只提供部分冷却。穹顶的内部环境作为一个微气候的缓冲器工作，介于外部环境和传统的内部舒适环境之间。假设参观者在冬季和夏季仍然穿着他们当季的衣物，除了极端条件

图 25　柏林奥林匹克自行车馆和游泳池，剖面

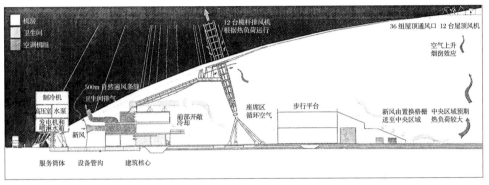

图 26　千年穹顶的中间环境策略

之外，大部分时候穹顶能够让参观者感觉舒适。外部的温度和湿度、内部的供热和制冷以及灯具的热负荷，还包括由多达 30 000 名参观者所产生的热负荷都需要进行整体考虑（图 26）。穹顶体积达 210 万 m³，包含一个小型的城市，形成内部的对流循环和气象特征，在以前尚没有准确测量的先例。虽然在实际运行中仍有很多问题有待解决，但这一策略总体上运行良好，未来智能的中间环境或许可以实现某种程度的自我调节。

当然中间环境未必都需要像千年穹顶那么复杂，各种轻质围护结构都能够成为城市环境的有机组成部分，半室外的空间已经变得越来越普遍。在能源压力日益严峻的背景下，中间环境所采用的被动式调节方法展示了巨大的设计潜力，外部和内部的界限在未来将变得越来越模糊。

当代建筑显示了强烈的技术整合特征，建筑效果和结构、材料、环境技术高度统一，每一项技术都是可持续设计必不可少的一部分，没有多余的组件；而单独拆分来看，系统的每一组件可能是不全面的或意义不明确的。只有当它们组成一个整体协同工作，发挥技术的最大潜力时，才使可持续的道路完整地呈出来。可持续技术并不特定地形成某种风格或形式特征，也不提供唯一的或者预设的答案；但它带有清晰的方法的印记，通过与功能、地点和环境发生关联而相互作用，在全新的秩序下实现与人类生活和自然的协调。

通用空间和场景转换面向以奥运场馆为例的大型公共设施的运营可持续，轻质结构、高效能环境技术针对建筑长期的节能运行和降低环境影响。在北京 2008 年奥运会和 2022 年冬奥会的场馆中，这些技术在单纯、简洁的建筑形式下，揭示了自然界隐藏的规律，展现了可持续设计面向未来的潜力，重建有关环境问题的观念和标准，以我们这个时代独有的方式接近建筑的本质。

北京2008奥运会
体育建筑的新价值

Beijing 2008 Olympic Games
New Value of Sports Building

国家游泳中心（水立方）
National Aquatics Center（Water Cube）

北京 Beijing

2003—2010

1 自东南侧望望国家游泳中心

来源：国家游泳中心

2　国家体育场（鸟巢）和国家游泳中心（水立方）

摄影：马健强

3　北入口　　　　　　　　　　　　　　　　　　　　　　来源：国家游泳中心

4　北立面气枕

泡泡吧

北商业街西段

来源：国家游泳中心

7   2008 年奥运会游泳比赛

2008 年奥运会跳水比赛

来源：国家游泳中心

9　奥运会期间的观众看台

热身池　　　　　　　　　　　　　　　　　　　　　　　　俯视全国家游泳中心

南商业街二层，赛时观众通道

东南入口门厅

13　比赛大厅：赛后改造

14　多功能厅

来源：国家游泳中

15　北小楼二层咖啡厅

来源：国家游泳中

亲子游泳俱乐部 来源：盐帆亲子游泳

北小楼三层亲子游泳俱乐部 来源：盐帆亲子游泳

自南商业街看嬉水乐园

19　嬉水乐园

来源：国家游泳中心

20 西北小楼一层多功能厅

21 南小楼二层包厢

建造水立方
Building Water Cube

2003.11.15 场平

2004.08.14 桩基础底层

2004.12.21 底板

2005.08.05 砼结构

2005.10.16 钢结构

摄影：陈溯

2005.10.16 临时看台

摄影：陈

5.10.16 嬉水乐园

摄影：陈溯

2005.12.1 气枕样品

2006.4.4 天沟

2006.5.25 水立方和鸟巢

06.9.1 立面气枕"

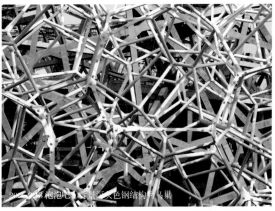
2005.9.3 泡泡吧"背景淡灰色钢结构的鸟巢"

摄影：陈渊

2006.10.25 屋面气枕

摄影：陈溯

2006.11.2 一层临时看台钢结构

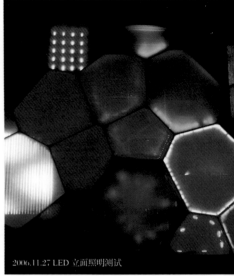
2006.11.27 LED 立面照明测试

2006.11.8 比赛大厅

摄影

06.12.13 从马道俯视游泳池和北看台

2007.11.23 比赛大厅

08.1.18 比赛大厅

摄影：陈溯

2008.8 水立方全景

来源：国家游泳中心

设计图纸
Drawings

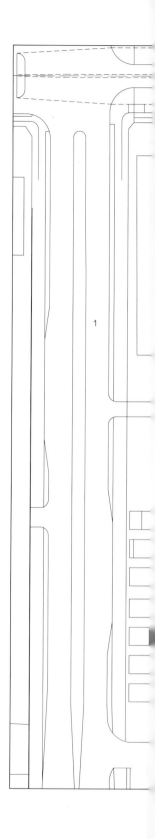

1

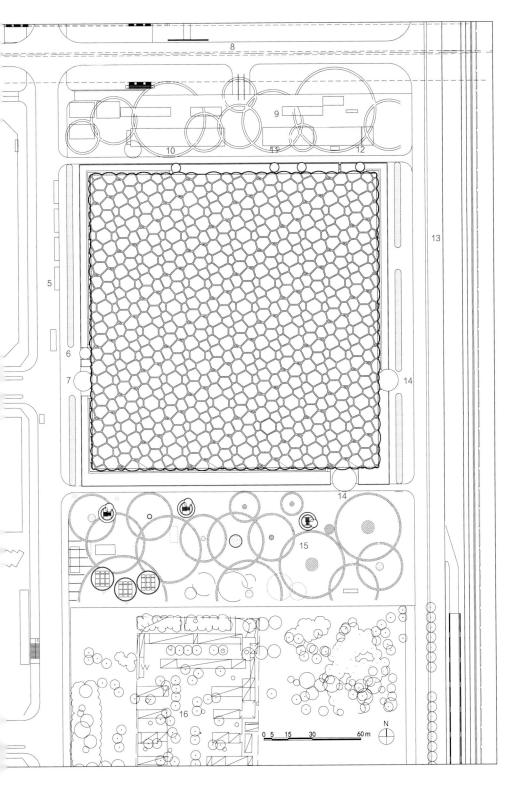

1	北辰西路	5	天辰西路	9	北广场	13	天辰东路
2	广播电视综合区	6	场馆运行入口	10	运动员入口	14	观众入口
3	物流综合区	7	技术官员入口	11	贵宾入口	15	南广场
4	赛时停车场	8	慧忠路	12	媒体入口	16	北顶娘娘庙

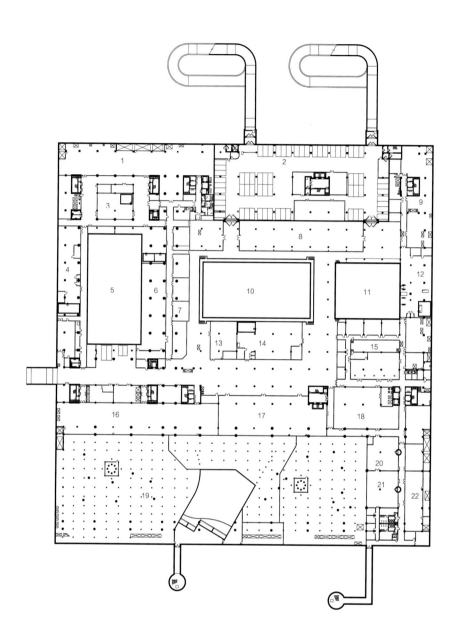

1 空调机房 1
2 车库（人防）
3 预留机房
4 热身池水处理机房
5 热身池底
6 热力机房

7 中控室
8 器械储藏
9 空调机房 2
10 竞赛池底
11 跳水池底
12 跳水池水处理机房

13 中水机房
14 竞赛池水处理机房
15 电气机房
16 空调机房 3
17 嬉水池水处理机房
18 制冷机房

19 嬉水乐园池底
20 厨房
21 餐厅
22 空调机房 4

地下二层平面（2008 年赛时）

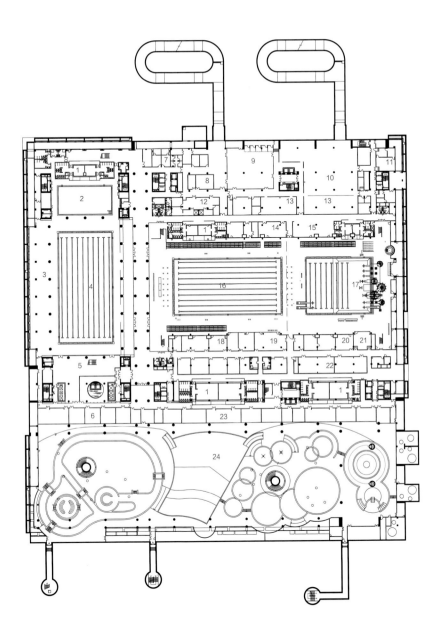

1 更衣室	7 医疗站	13 摄影记者区	19 游泳成绩处理
2 陆上训练区	8 颁奖礼仪区	14 检录区	20 技术用房
3 运动员休息区	9 新闻发布区	15 混合区	21 跳水成绩处理
4 热身池	10 媒体区	16 竞赛池	22 竞赛管理用房
5 力量训练区	11 网络设备	17 跳水池	23 技术官员
6 场馆管理区	12 兴奋剂检测区	18 技术官员用房	24 嬉水乐园

下一层平面（2008 年赛时）

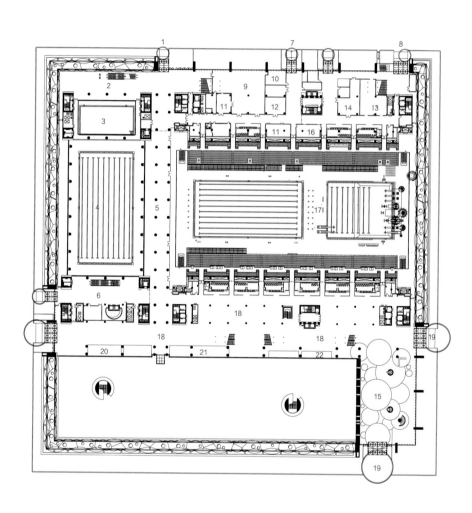

1	运动员入口	7	贵宾入口	13	媒体工作区	19	观众入口
2	运动员休息区	8	媒体入口	14	成绩复印	20	观众餐饮区
3	陆上训练上空	9	贵宾休息区	15	观众门厅	21	观众服务区
4	热身池上空	10	交通指挥	16	媒体休息区	22	特许商品区
5	连接桥	11	安保用房	17	比赛大厅上空		
6	技术官员门厅	12	贵宾会客	18	观众集散厅		

首层平面（2008 年赛时）

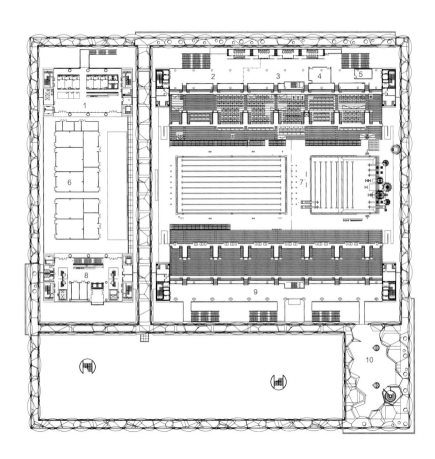

衣休息区	4	评论控制室	7	比赛大厅上空	10	泡泡吧
动员休息区	5	转播信息办公室	8	备餐区		
媒体休息区	6	运行管理区	9	观众休息平台		

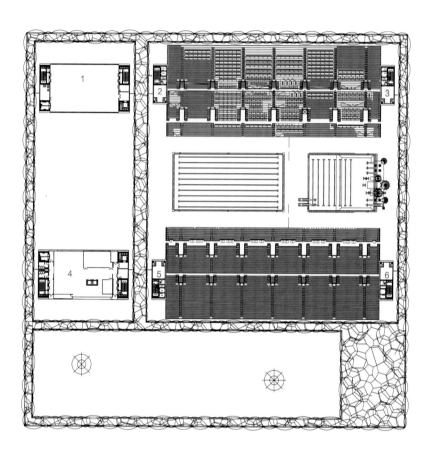

1　运行用房
2　消防指挥室
3　消防观察室
4　安保指挥中心
5　安保指挥室
6　功放控制室

四层平面（2008 年赛时）

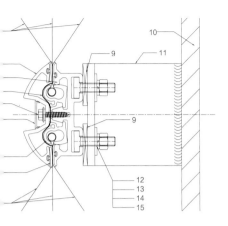

ETFE 膜	7	铝夹块	13	螺母
铝压盖	8	胶条 三元乙丙	14	大垫圈
铝合金夹具底座	9	PVC U 形座	15	弹垫
PVC 胶带	10	主钢结构		
自攻螺钉	11	T 形转接件		
铝扣板	12	T 形螺栓		

幕墙气枕标准节点

1	ETFE 膜	6	防鸟系统不锈	11	保温层
2	调整垫片		钢支架	12	支撑钢件
3	转接件	7	不锈钢丝绳	13	M10×40 螺 栓
4	φ12 孔清洗时	8	铝合金夹具		螺母组件
	挂网	9	防水层	14	充气管道
5	主钢结构	10	天沟	15	管道卡具

ETFE 屋面天沟标准节点

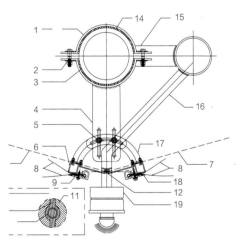

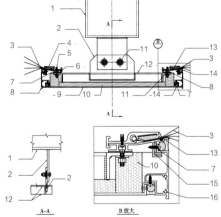

网箍	8	ETFE 膜	15	水管转接件
M12 螺栓组件	9	铝合金夹具	16	喷淋水管
主钢结构	10	水管与铝垫框交	17	支撑钢板
钢转接件		接节点	18	三元乙丙密封
铝饰板	11	铝垫框		胶条
铝饰板理论定位	12	黑色硅酮密封胶	19	ZSS-20 灭火喷头
	13	喷淋水管		
	14	橡胶垫（黑色）		

1	主钢结构	7	自攻钉	13	三元乙丙密封
2	钢转接件	8	铝合金连接件		胶条
3	天花 ETFE 膜	9	穿孔铝板	14	密封胶及泡沫棒
4	铝合金夹具	10	保温材料	15	PVC 垫块
5	PVC 套管	11	不锈钢螺栓组件	16	不锈钢定位销钉
6	橡胶垫片	12	角钢		

吧气枕节点

屋面内层顶棚 ETFE 气枕节点

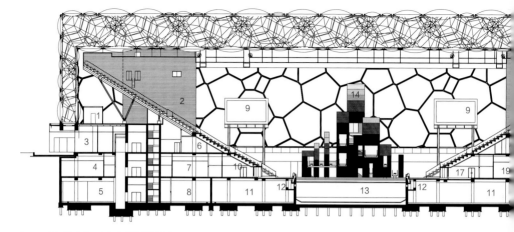

南北向剖面 1（2008 年赛时）

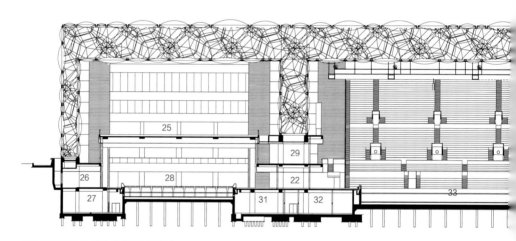

东西向剖面

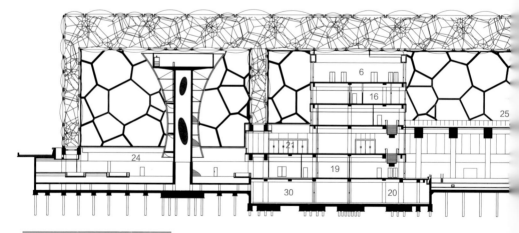

南北向剖面 2（2008 年赛时）

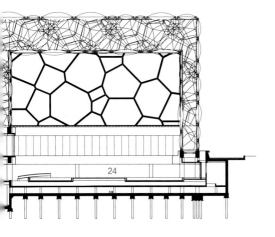

1	临时卫生间
2	看台坐席
3	门厅
4	分新闻中心
5	人防地下室
6	安保用房
7	摄影记者区
8	紧急避难区
9	显示屏
10	检录区
11	赛后停车
12	风道
13	跳水池
14	跳塔
15	陆上训练区
16	办公区
17	运动员休息区
18	卫生间
19	技术官员区
20	卸货区
21	商业街
22	走廊
23	设备机房
24	嬉水乐园
25	网球场
26	准备区
27	热身池水处理机房
28	热身池
29	连接桥
30	空调机房
31	热力机房
32	安保机房
33	竞赛池
34	跳水池水处理机房

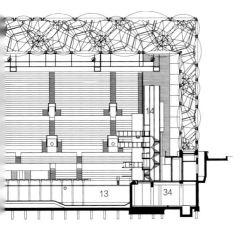

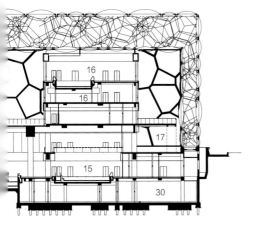

国家游泳中心（水立方）

　　"水立方"，是一个关于水的建筑，"水"是建筑的灵魂。

　　"方"是中国古代城市规划的基本形态，体现了中国文化中"天圆地方"的世界观和基本的社会生活准则。中国传统的设计哲学催生了"方"的概念，而一个正方形的盒子又能够很好地满足体育场馆运营的"通用空间"要求。"水"是一种重要的自然元素，并激发人们欢乐的情绪。设计从使用功能、结构构成、建筑效果和环境性能各个层面探寻"水"的深刻内涵，创造一个令人精神愉悦的场所。这种"方"与"水"相结合的设计理念，就被称作"水立方"。

$$[H_2O]^3$$

　　为了体现这一理念，国家游泳中心设计将水的概念深化，基于开尔文"泡沫"理论产生的灵感，采用自然界隐藏的数学规律，为"方盒子"建立结构几何逻辑，结构本体布满如同水分子一样的不规则多边形。通过立面覆盖的充气膜结构气枕赋予了建筑水滴状的外貌，使其具有独特的视觉效果和感受。建筑的轮廓和外观因此变得柔和，水的神韵在建筑中得到完美的体现。"水立方"的设计中应用了多种绿色节能的技术，包括被动式太阳能、自然通风的合理组织、循环水系统的开发和高技术建筑材料的广泛应用等。这些都为"水立方"增添了更多的技术内涵，达成建筑表现、结构工程和环境性能的高度统一，体现"绿色奥运""科技奥运""人文奥运"三大主题。

　　依照"水立方"设计理念所修建的国家游泳中心是一幢优美和复杂的建筑，为市民提供了一个引以为豪且令人兴奋不已的、符合国际标准的多功能运动场所。它是当代设计和建造技术能够达到的最高水平的建筑，唤起我们的灵感，激发我们的热情，丰富我们的生活，并为我们的记忆提供一个载体，成为中国人民和谐、繁荣和对欢乐不懈追求的象征。

1. 建筑设计：水和方的概念

　　方形的构思符合中国传统文化。在传统的城市规划和房屋营造中，中国人喜欢以方形作为基本布局，并在此基础上向外延伸（图1）。北京，作为六朝古都，更是运用方形来规划城市的典范。对于行为价值尺度，中国人认为"没有规矩，不成方圆"。大家按照制定出来的规矩做事，就可以获得整体的和谐统一。在中国传统文化中，认为世界由"天圆地方"构成。这样的思想认识同样也体现在许多建筑设计和城市规划中。方形的构思简洁明快，可以完美地把 3 个游泳池容纳进来（图2）。当把水泡的质感和方结合，就产生了刚柔并济的设计概念（图3）。

"水立方"与北京城市中轴线另一侧的国家体育场"鸟巢"遥相呼应，形成了地与天、阴与阳、水与火、内敛与张扬、诗意与震撼、可变情绪与强烈性格之间的共生关系。与"鸟巢"所表现出的兴奋、激动、力量感、阳刚气息相比，"水立方"宁静、祥和、柔美，带有迷人的感情色彩，轻灵并且具有诗意的气氛会随着人的情绪、活动以及天气、季节的变化而变化（图4）。

国家游泳中心位于北京奥林匹克公园内，北邻成府路，东邻景观路，南接北顶娘娘庙和北四环，西邻景观西路。"水立方"为南侧的北顶娘娘庙提供了一个单纯又多变的背景，通过精心设计的景观将两者紧密联系，标示着城市从历史走向现代的过程。在城市中轴线西侧，"水立方"引导了一个方形建筑的序列，使得其北侧的建筑能够根据其所定义的形状继续延伸，和中轴线东侧的鸟巢、龙形水系实现均衡。

国家游泳中心的使用功能是在 2008 年奥运会期间承担游泳、跳水和花样游泳的比赛，赛后成为大型的多功能水上运动娱乐中心，举办各种大型活动，从世界游泳、跳水锦标赛到社区和学校的比赛，为北京市民提供多功能娱乐、运动和健身服务；同时作为奥运遗产，成为吸引游客的旅游目的地。

"水立方"的正方形平面由内部的两道钢结构和 ETFE 气枕墙分成三个主要空间，包括：

（1）奥林匹克比赛大厅。位于东北侧，奥运会赛时约 130m 见方，包括游泳比赛池（50m×25m×3m）、跳水比赛池（30m×25m×4.5 ～ 5.5m）和 17 000 个标准座席。

（2）嬉水乐园。位于南侧，约 40m 进深，以中部的造浪池为中心，包括家庭娱乐池区、漂流河及各类水上滑道和水景。

（3）热身池大厅和多功能厅。位于西北侧，是一个两层的大空间。地下一层是热身池（50m×25m×2m），与首层通高；上面是多功能厅，设有 3 片网球场，多用于中小型活动。

在比赛大厅的两侧分别是南、北商业街，通过贯穿各层的竖向交通节点把各层功能组织在一起。赛时南北商业街和连接桥是主要的观众通道和体验空间，赛后则容纳综合性的商业服务设施。游客在南商业街徜徉的时候，一侧是商业服务性的设施，另一侧透过透明的泡泡墙可以看到欢乐热烈的水滑梯和造浪池的波浪，成为典型的"水立方"景观。在东南主入口的上方，为前来感受、体验、触摸泡泡的游客提供了一个极具梦幻色彩的空间——"泡泡吧"，人们在这里可以最大限度地体验到 ETFE 充气泡泡赋予这栋建筑的独特魅力。

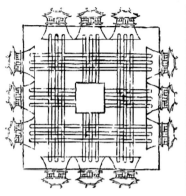

图 1　王城

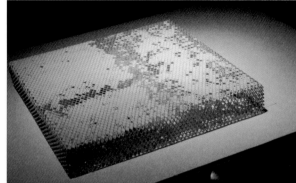

图 2　"方"的初始概念

图 3　水泡立面的初始概念

图 4　鸟巢和水立方

2. 钢结构：创新的空间多面体

"水立方"的结构体系基于三维空间最有效的几何分割模型。这一模型在自然界中普遍存在，例如细胞组织单元的排列形式、水晶的矿物结构，以及肥皂泡的天然构造等。它采用伟大的数学难题的解决方案，揭示了自然界最普遍的结构组成形式，赋予国家游泳中心与众不同的外观，将"水立方"与其他场馆区分开来，并且和国家体育场"鸟巢"的编织结构交相辉映。

1）几何原理

比利时物理学家普拉托（Joseph Plateau,1801—1883）于1873年提出气泡构型的理论：当肥皂泡沫聚集到一起时，它们通常是以三个侧面呈120°角连接在一起。在每一个角点上有4条边交汇，它们形成的边界线夹角为109.47°。

1887年，开尔文勋爵（Lord Kelvin,1824—1907）提出了如下问题："如果我们将三维空间细分为若干个小部分，每个部分体积相等但要使接触表面积最小，这些细小的部分应该是什么形状？"这是一个非常有趣的问题，它不仅仅是理论上的构想，实际上这种形状在自然界中普遍存在。他提出的猜想是一个十四面体，其中有八个面为正六边形，另外六个面为正方形。将一个正八面体的角切去就可以得到这样一个十四面体。但正方形的内角是90°，而六边形是120°，离普拉托定律所发现的理想角度109.47°还有些距离。正五边形的内角为108°，但十二面体（12个面均由正五边形组成）不能结合成密实空间——它们中间存在空隙。

在某个时期大家认为某种由五边形和六边形组成的多面体可能比开尔文的泡沫结构更加有效。1993年,都柏林三一学院的物理学家丹尼斯·韦尔（Denis Weaire）和罗伯特·费兰（Robert Phelan）提出了新的解决方案：由两个不同的单元体构成，其中一个为十四面体（2个面为六边形，12个面为五边形），另一个为十二面体（所有面均为五边形）。两个十二面体和六个十四面体组成一组，不断重复形成泡沫（图5）。这种组合的表面积比开尔文提出的泡沫结构表面积要小，称为韦尔–费兰结构。该模型一直沿用至今，是三维空间最理想的组成结构。它就是国家游泳中心的结构设计基本模型。

基于韦尔–费兰结构，"水立方"结构的几何逻辑试图取得以下效果：

①立面的气枕形状具有重复性，但又能保持随机、无序的总体感觉；

②钢结构腹杆（位于结构内外表面之间的杆件）、内部节点和弦杆（构成"气枕"的边线）具有重复性；

③避免节点过于靠近立面而与气枕冲突。

韦尔–费兰结构的基本状态沿 X、Y 和 Z 三个轴向规则地重复。如果采用这种基本构成，结构看起来过度机械和有规律，而不是随机的。如果把这个结构绕任意一个轴

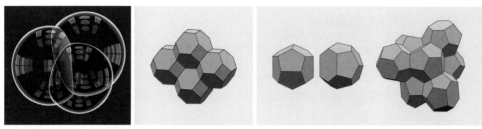

图 5　普拉托定律（左）开尔文猜想（中）韦尔－费兰结构（右）

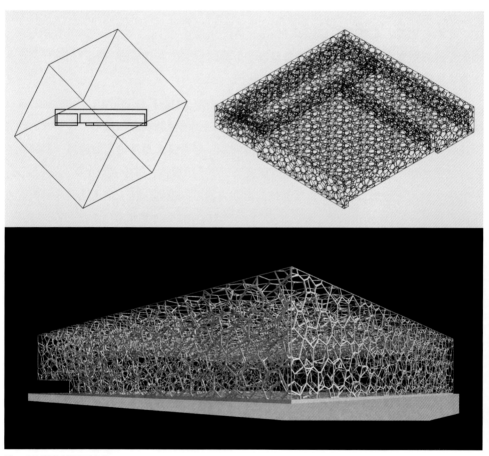

图 6　通过旋转切割形成结构

线旋转任意角度，那么生成的结构看起来是有机的，但是这样形成的弦杆、气枕和节点结构很少有重复。因此设计采用了绕 60° 轴旋转，形成的屋盖和墙表面具有高度的重复性且仍能看起来是有机的。需要做的另一个选择是在什么位置用平面来切割这个旋转阵列。选择不同的切面将会影响立面的外观（图 6）。更重要的是，通过精确选择的位置切割可以最大化节点和立面之间的距离，使其大于 500mm。

2）基本单元

韦尔 – 费兰结构的基本单元由正方体角上的 8 个节点和面上的另外 12 个节点为基础生成。面上的节点沿面的中线放置，间距为面长度的一半。用线连接这些节点，通过线的中点做垂直面，所有这些面相交即形成基本单元。改变垂直面在线上的距离会对几何结果产生微妙的影响。这一位置由参数 a 控制，当 $a=1.25$ 时得到初始单元。经过试错过程分析，发现有一个特定的垂直面位置，能够使得由 7m 的基本单元所形成的最终结果中，切面的位置距离最近的结构节点大于 500mm。此时 $a=1.3333333$，在设计中最终采纳。

在每个基本单元尺寸下，有 3 个规则分布的有效基本切面——对 7m 的单元来说，每 2.3333m 有一个。在每个基本切面的两侧，另有距离 0.5185m 的第二切面可选。但是，只有向外的面可用，因为结构节点距离另外的一个可选切面距离过近。基本切面形成 7 个不同形状的气枕，第二切面则形成 16 个不同形状[19]。

3）单元尺寸

最初竞赛方案阶段采用的单元尺寸是 7m，几何操作产生的结果具有以下特点：

①气枕直径达 9m；

②外墙的高度内约有 5 个气枕；

③7m 的屋盖深度内，没有过多的无效构件；

④厚约为 3.5m 的墙具有较好的复杂视觉效果。

在初步设计阶段，研究了从 5.25 ～ 10.5m 的一系列基本单元。小的单元尺寸对结构效率有显著的损害，例如 5.25m 的单元和 7m 的单元相比较，产生超过两倍的结构杆件和节点，屋顶的腹杆过多使得结构效率大大降低；相应的好处是气枕的面积变小，但是这又使视觉复杂程度超出所需要的样子。更大的单元尺寸使气枕的图案过于简单，尤其是立面；如果保持期望的视觉复杂程度，墙体会变得非常厚。研究结果决定采纳 6.5 ～ 7.5m 之间的单元尺寸，以在结构效率和视觉复杂性之间取得均衡。

4）与建筑协调

选择基本单元的尺寸时，需要设法把基本切面和平面上期望的墙体位置对齐。通过调整单元的尺寸，可以改变切面的间距，以便不同的墙体位置相互关联。最终的选择取决于外墙外表面之间的一系列切面的位置。举例来说，如果建筑总尺寸是 184m×184m，那么 6.571m 的单元提供 84 个切面，而 7.459m 的单元提供 74 个切面。

水立方结构最终采用的单元尺寸是 7.211m。屋顶面采用基本切面（每 2.404m 间距）以使屋面气枕的重复性尽可能高，屋顶结构总厚度为 7.211m。墙体采用距离基本切面两侧 0.534m 的第二切面，形成 3.473m 厚度的墙体，平面边长为 176.538m。立面的视觉复杂程度比屋顶稍高，同时也是最优的结构尺度（图 7）。

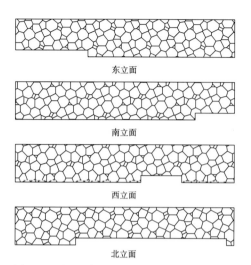

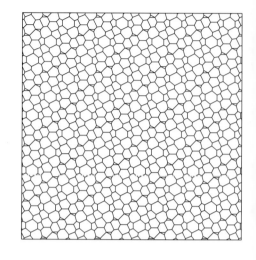

图 7 墙面和屋面图案

图 8 ETFE 气枕

图 9 屋顶的空腔

这种基于韦尔－费兰结构的体系，节点采用刚接，杆件为空间梁单元；如果采用纯铰接体系，即使不出现几何可变，结构刚度也会产生较大退化而影响正常使用。这种空间结构构件的受力状态介于汇交力系的网架结构和刚性连接的直腹杆空腹桁架之间，既不同于汇交力系网架的二力杆，也不同于空腹桁架的纯弯杆，而是同时受弯、剪、拉（压）。弯曲应力与轴向应力的比值在不同区域、不同位置还有所变化。相比汇交力系的二力杆结构，新型空间结构具有更好的延性，但是它又不同于纯弯杆结构[20]。

尽管外观和组织形式较为复杂，但这种结构实际上建立在高度重复的基础上。它只包含三个不同的表面，四条不同的边和三个不同的角或节点，降低了建造的难度。

3. ETFE 幕墙：全新的围护体系

"水立方"的外围护结构采用 ETFE 气枕模拟水的形态，气枕总面积达 10 万 m²，是世界上最大的 ETFE 围护结构工程之一，同时也是拥有内、外两层气枕结构的独一无二的幕墙系统（图8）。ETFE气枕不仅在视觉效果上满足建筑美学对"泡沫状态下水分子形态"的表达，同时也最大限度地配合主体钢结构"泡沫"系统的设计，通过自然采光、自然通风、可变遮阳等技术实现绿色节能、降低环境影响的目标。

1）材料

ETFE是乙烯—四氟乙烯共聚物（Ethylene Tetrafluoroethylene）的缩写。它一种典型的非织物类膜材，1982年第一次应用于建筑项目中。此后在欧洲该项新技术被广泛应用于建筑的屋顶和立面。材料的基本特性如下：

①可见光透光率高达94%。

②2层膜的 U 值为2.94W/m² · K，4层膜为1.47W/m² · K。

③表面的摩擦系数很小，雨水冲刷可以进行自然清洁。抗紫外线和化学物质侵袭能力强。

④熔点约为275℃，难燃烧材料；燃烧溶化时，无液体滴流，无有害气体产生；材料燃烧特性分类为 DIN 4102-B1—阻燃材料。

⑤气枕的声学特性是低频声音透射、高频声音反射。下大雨时产生的噪声可能高达85分贝。

⑥易于遭到尖锐物体例如小刀的损害，但是可以用特制的 ETFE 修补带进行修补。

⑦把 ETFE 加热到熔点并且放到加工的原始材料中可以很容易地循环利用。

2）系统

充气 ETFE 气枕可以有效地将风荷载、雪荷载等作用力传递到支撑体系上，将平面外荷载转化为平面内荷载。ETFE 气枕本身作为防水层，铝夹具与钢结构绝缘并采用硅胶衬垫连接。在膜表面印刷银色镀点图案，能够实现一定程度的热能和日光控制。两层气枕共同作用，控制太阳能得热、散热、采光水平和眩光控制，将全年结露的风险降至最低，并尽可能减少雨噪声和从建筑外部传入的噪声。

立面系统的外层气枕抵御外部各种荷载和气候。屋面气枕抵御雨水，使其通过沿防水层围合的 U 形天沟进入虹吸排水系统，屋面 U 形天沟还提供了维修人员行走的路径。每个气枕周围都设有防鸟索，以免气枕被损坏。立面系统中的内层气枕有助于保护结构框架使其不受泳池环境影响，并提供额外的热工绝缘和隔声性能。在上部维护工作进行时，可以保护使用者的安全。外层和内层气枕之间提供可通风的空腔（图9）。

外层气枕最外面一层 ETFE 膜的厚度为250μm，内层为200μm；内层气枕各层膜的厚度均为100μm。气枕内压设计值为250Pa，外凸矢高为气枕形状内切圆直径的12%～15%。与 ETFE 气枕配套的充气系统能保持气枕内部压力恒定。当屋面积雪较多时，充气系统将提高屋面气枕的内压至550Pa，同时加大外凸矢高，以增加气枕的抗压能力。充气系统包括18个永久气泵，其中为立面气枕充气的8个，为屋面、顶棚充气的各5个。

每个充气单元包括 2 个风扇、1 个干燥单元和 4 个空气调节器，由它们自身的控制装置进行独立控制。充气管道的气压监测设备、故障－雪情传感器和控制器连接到建筑监控系统。系统的主要参数如下：

ETFE 气枕覆盖面积：	10 万 m²
ETFE 气枕的数量：	3026 个
ETFE 气枕按形状：	24 种
ETFE 气枕单个最大面积：	90m²
立面 ETFE 气枕膜材层数：	3 层
屋面、顶棚 ETFE 气枕膜材层数：	4 层
ETFE 膜材表面镀点直径：	16mm
镀点密度：	10% ～ 65%
ETFE 气枕的正常工作内压：	250Pa

3）性能

ETFE 立面系统的目标是实现一个轻质、保温的立面，像一个温室那样节约游泳池的照明、供热等能耗。

（1）热工性能

①传热

立面的最大传热系数（U 值）为：屋面 0.65W/m² · K；墙体 1.1W/m² · K。这些数值能将结露的风险降至最低，并在设定的遮阳系数下提供一个良好的热平衡。

②遮阳系数

各立面的最大遮阳系数汇总如表 1：

立面最大遮阳系数 表1

区域	立面	最大遮阳系数
比赛大厅	屋顶	0.1 (通风或者部分不透明) +
	东立面	0.33 (通风)
嬉水乐园	屋面	0.34整体
	南立面	0.25 嬉水池 (通风的) · 0.50 嬉水池冬天 (通风的) · 0.53 餐厅
	西立面	0.31 (通风)
	东立面	0.57
多功能厅	屋顶	0.1 (通风或者部分不透明)
	西立面	0.37 (通风)

续表

区域	立面	最大遮阳系数
俱乐部和功能房	北立面	0.6
商业街	屋面	0.4
	东立面	0.45
	西立面	0.45

注：+100%长波传送，*最小25%的短波传送。

　　立面的有些部分在夏天时遮阳系数较高，在冬天时遮阳系数较低，因此不同的季节就产生了不同的遮阳系数。在屋顶向上凸起的气枕侧面设置百叶开口作为排风，在靠近地面附近设置百叶作为进风，用于改善夏季的遮阳性能。为了确保系统的整体性，在刮风或下雨时，系统设计成自动关闭。另外，这些开口可以向空腔内引入少量干燥空气来避免空腔结露。除北立面以外，各立面均设有通风系统。在2022年冬奥会冰壶赛场的冬季场景下，空腔通风在冬季工况也会开启，用来降低顶棚的温度，减少对冰面的影响。

　　（2）采光

　　奥林匹克广播公司的电视转播规范原本要求把比赛大厅全部遮黑，但是在比赛之前，转播商接受了水立方内带有自然光的环境。

　　各立面的最大采光系数汇总如表2：

立面最大采光系数　　　　　　　　　　　　　　　　　表2

区域	立面	可见光传输VLT	
		合计（平均）	反射光
比赛大厅	屋顶	2.0%～5.5%	<1.5%
	东立面	4%～13%	1.5%～3%
嬉水乐园	屋面	8%～25%	>1.5%
	南立面	8%～25%	>2%
	西立面	8%～25%	>1.5%
	东立面	8%～40%	>2.5%
多功能厅	屋顶	1.5%～8%	1%～4%
	西立面	5%～25%	>2.5%
俱乐部和功能房	北立面	15%～40%（如需要加内墙）	4%
商业街	屋面	5%～25%	>2.5%
	东立面	20%～45%	>4%
	西立面	20%～45%	>4%

（3）声学

屋顶内层的 ETFE 气枕的铝夹具加宽，以便在加宽的范围内安装由玻璃棉和穿孔铝板组成的吸声表面。在 2008 年奥运会期间，比赛大厅的混响时间为小于 2.5s。在临时看台上方和东立面跳塔的后面，设置了轻质玻纤板（12kg/m²）。

（4）结露

泳池环境发生结露的风险很高。ETFE 幕墙通过实现较低的传热系数将结露的风险控制在最低。冬天室内环境的条件是：室内最高干球温度 28～30℃，内部最大相对湿度 70%RH，室外最低干球温度 –12℃。尽管 ETFE 气枕自身是不透湿的，但值得关心的是进入空腔的潮气会造成空腔结露。泳池区和屋面以及墙体空腔的内表面接缝的连接细部允许缝隙中存在湿气渗透。为了避免空腔结露，进入空腔的空气湿度不允许超过可能导致结露的水平。通过在屋面设置通风口来解决屋面空腔结露的问题，同时外表面的蒸汽散发能力是内表面的 3 倍以上。

（5）设计寿命

ETFE 围护结构（ETFE 立面及屋面系统）的设计寿命为 30 年。

（6）维护

屋面和立面的设计使每一个单独的气枕可以作为一个单元体进行拆换。从各核心筒的消防楼梯可以到达屋顶空腔，提供通往不同区域的维修通道。钢构件两边的 ETFE 气枕起到安全保护网的作用。

（7）材料的型号和实用性

由于气枕的尺度超出 ETFE 膜材料的宽度（卷材的宽度通常为 1.5m），每层 ETFE 膜材由若干块膜材热合焊接而成。单层 ETFE 膜材制作完成后，在适当的位置安装充气阀。完成全部 ETFE 膜材的制作后，将若干层 ETFE 膜材叠放在一起对齐边缘，热合焊接在一起形成气枕，再在其边缘热合焊接用于安装的边绳。

4）立面照明

采用空腔内透光照明方式——气枕空腔内部装设 RGB 型 LED 灯具，融合计算机、网络通信、图像处理等技术，形成丰富多变的光色组合，来表达特殊的气氛、情绪及事件进程。立面照明系统提供了灵活多变的场景模式，实现动态的夜景效果，表达有关水的丰富内涵。基本场景模式以亮度适宜的水蓝色为主色调，如水体或冰块等有整体感和纯净感；同时维持半透明的立面，使内部的钢结构杆件具有一定的透射。此外，立面照明设计具备水的"可变"特质，通过灯光设计形成一种海水波澜般的动感。动感水波也可以从海蓝色主题转变成其他色系，正如海水在不同时间段内可反射出不同色调的天光一样（图10）。特殊场景模式配合不同的庆典事件场合或季节转换，水立方可呈现出不同的"表情"——不同的亮度、不同的颜色。同时，系统还可以通过与其他区域和建筑物的灯光互动，以光色语汇反映内部的活动，提供公众互动体验和图像表达。

图 10　立面照明

4. 室内环境：　高性能的空间

室内的声、光、热等重要事项通过一系列的科研和实验，能够为运动员、观众、工作人员等竞赛参与者提供舒适的氛围，创造公众乐于光临的环境。通过围护结构性能、室内自然通风、双层气枕间的空腔通风，可以明显地降低整个建筑的能源消耗。与中国《公共建筑节能设计标准》DB 11/687 中的参考建筑相比较，尽管夏季空调负荷略有提高，但在照明和采暖两方面的能耗远低于参考建筑，再加上自然通风及空腔通风等节能措施，节省的电量约占空调系统总耗电量的 10%，使得综合运行能耗降低。

1）环境概念

从建筑物理的角度来看，"水立方"是一个轻质、保温的暖房，使大部分日光可以照射进入室内，作为游泳池内池水的被动热源。这种方法可以为嬉水乐园节能约 30%，并创造一个日光充足的、温暖的半室外空间。设计目标是在建筑内部维持足够的日光，创建令人愉悦的美观环境，保证使用者视觉上的舒适感，对内部安全不产生负面影响，并且满足奥运会各参与方和电视转播的需要。

为实现上述方案，围护结构的设计要保证进入建筑内的太阳能总量能够弥补建筑物的热损失，理想的状态是正好抵消建筑的热损失。当实际运行中，会出现某些天太阳辐射量大于建筑的热损失，而某些天太阳的辐射量较小的情况，这就需要分别考虑供热及制冷设计。为了弥补热负荷的变化，设计采用两种方案来充分利用太阳能：热惰性材料的热量存储；随季节变化的遮阳方案。

热惰性材料的质量蓄热方式使白天的太阳能加热得到吸收，并在夜间冷却时重新辐射出来。泳池池水和泳池周边厚实的面层都作为热惰性材料在日间对多余的热量进行有效存储，然后在夜间重新释放出来，降低热负荷的变化。建筑外立面的可变遮阳系统保证了在太阳能加热最有利的时候，建筑物的热负荷在夏季能够降低，到了冬季又可以升高。这是通过在气枕的不同表面上印刷银色的镀点来实现，镀点的位置和图案经过精心设计，以满足相应空间的热工要求。

2）热工性能

当内部场馆已经维持一个舒适的热环境，而进入的热量大于流失的热量时，就需要对场馆供冷以减少多余的热量。当内部场馆热环境合适，而流失的热量大于进入的热量，就需要对场馆加热以补偿过度的散热。立面设计使建筑物表皮的性能在这几个影响方面实现了最优化。分析表明，温室的设计策略很适用于泳池环境。

基于得热和散热之间的平衡，在南立面上采用可变遮阳系数使建筑被动式能源策略最优化。理想的遮阳系数在冬天是 0.4 ~ 0.5 之间，夏天较低为 0.2。通过在膜表面适当的印刷图案和立面空腔通风能够实现可变遮阳系数。为维持合理的空腔通风，所需要的通风开口面积是每米立面长度 $0.25m^2$。当空腔温度超过 33℃，与建筑管理系统（BMS）相连接的开口将打开，自然通风开启运行。

为了保证热量平衡，建筑物的外立面具有三种不同的模式，分别对应过渡季、夏季和冬季工况（图11）。

3）光环境

立面设计的意图是为内部空间引入恰当的日光，透过轻盈的泡泡一样的表面，能够看到钢结构的有机框架，为参观和使用者提供强烈的感官体验。总体来说，室内外之间需要有足够的视觉联系，保持总体透明的感觉，创造令人愉悦的环境，同时达到视觉舒适性、保证游泳者安全并满足体育比赛和电视转播的需要。ETFE 幕墙设计为实现高水平采光提供了条件。以嬉水大厅为例，通过有效地利用自然光照明，可以节省照明电力能耗大约 40% ~ 55%。

（1）内部采光水平

就光环境的总体目标而言，建筑内部要达到比较高的自然照明水平，并且根据不同的空间用途来进行细微的调节。例如，嬉水大厅希望充满明亮的自然光，但同样高标准的采光就不适于小剧场。采光系数用于表示建筑内部的采光情况，即在标准全阴天天空下，内部采光水平（在一个水平面上测得的照度）与无遮挡外部水平表面上可获得的采光水平的比值。每个区域的自然光目标都由预期的用途以及使用者体验来确定。

典型季节中的热量平衡

在过渡季外部条件比较温和的时候，"水立方"内采用自然通风，而不用借助于机械手段。自然空气经过外立面或顶棚内的空间被加热后送到泳池区域，既保证了泳池周边的空气清新，又和外部建立了联系

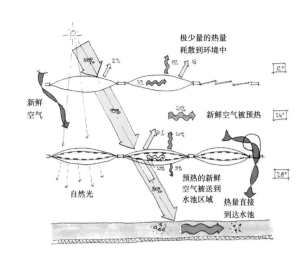

夏季光照热量平衡

夏天室外温度非常高。通过立面的空腔通风，冷空气进入空腔内，由热压自屋顶排出，带走室内的热量

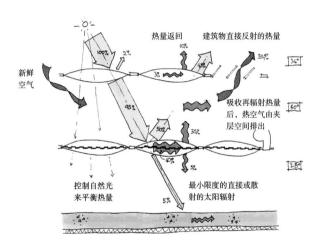

冬季日照热量平衡

在冬天，空腔被密封起来以保持热量，同时光线可以照射进室内

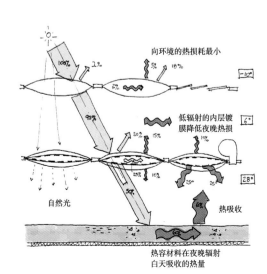

图11 季节热量平衡

比赛大厅

- 高水平采光，采光系数为 2% ～ 20%，理想值为 5%
- 为比赛提供均匀的水平和垂直照度，特别是在泳池和池岸上方
- 确保观众清楚地看到计分牌、电视屏幕和泳池中的游泳运动员、跳水运动员
- 根据电视转播机构要求，可能需要遮蔽自然光

嬉水乐园

- 半室外、乐园环境
- 高水平采光，采光系数为 5% ～ 50%，理想值是 10%
- 允许不均匀采光，能够在指定的区域加强采光
- 与外部环境有强烈的视觉联系
- 确保救生员能够看到泳池底部

多功能厅

- 中等程度采光，采光系数为 2% ～ 10%，理想值为 5%
- 场地上方的水平和垂直照度具有适度的均匀性
- 此区域无电视转播要求
- 保证参赛运动员和观众视线清晰

俱乐部和功能房间

- 周边区域具有中等程度采光，采光系数为 2% ～ 5%
- 周边区域要求获得更好的采光效果，通过采光能够对有特点的区域进行强调
- 应保证非临时性区域内的视觉舒适性
- 通过窗帘由用户自行控制日光的射入

商业街

- 敞开式，照明良好的空间
- 高水平采光，采光系数为 5% ～ 50%，理想值为 10%
- 允许采光不均匀，这种不均匀采光能够对特定的区域起到强调作用

（2）采光均匀性

自然光在室内分布的均匀性同样重要，尤其是在举行比赛的区域，采光效果应相对均匀一些，例如比赛大厅内泳池池岸上方采光的均匀性就很重要。但是在某些供使用者短时间活动的区域，例如嬉水大厅，采光均匀性水平允许低一些。事实上，在这些区域内希望有一些不均匀性，因为光线不均匀会使空间的视觉效果看起来更为生动。

通过计算机仿真图形可以测试是否能够达到严格的视觉要求（图 12）[1]。大体上，预

---

① 插图中的照度分布是按照比赛大厅仅有 20% 透明天窗计算的，因此整体照度偏低。后来取消了大厅屋顶不透明的部分，大厅比计算的情况更明亮。

期在室内各个部位能够形成一个视觉舒适的、具有相对而言较均匀采光效果的内部空间。另外，体育照明将提高比赛大厅内的水平照度和垂直照度，进一步加强比赛大厅的视觉感染力。

(3) 视觉质量

阳光对内部空间的体验有重大影响，高方向性的直射光能够形成优美的空间界定。日光具有最佳的显色指数，人在日光下能够准确地观察和辨别颜色。透过大面积的浅色表面，阳光能够使空间显得更加明亮，并影响人的空间感知。一天之中，阳光方向和颜色的变化能够反映出外部环境的变化和时间的流逝。

(4) 视觉联系

通常希望建筑内外之间存在视觉联系，尤其是对嬉水大厅来说，强烈的室内外视觉联系对于塑造乐园内部的欢乐氛围是比较理想的。

(5) 视觉舒适性

ETFE 气枕上采用的银色镀点印刷图案能够扩散入射的光照，使光线在各方向漫射。太阳光射入镀点时，镀点以一定的亮度反光，这些反光点会引起这一空间内人们的视觉不适。因此，有必要在设计之初分析直射阳光下的视觉舒适度情况。

当阳光以比较低的高度角入射到西立面时，嬉水大厅中的视觉不适感可能会相当严重。阳光会穿过 4 层膜，最后到达空间内。为此根据入射太阳光的方向以及气枕上镀点的图案，创建了一个嬉水大厅西立面的简化模型，以在最不利的天空条件下，对视觉舒适性进行评估。在全晴天天空条件下，当太阳光垂直球面照度为 71.0klx、垂直面直接照度为 56.5klx 入射到该立面上时，形成嬉水大厅西立面的伪彩色图像 (图 13)。图像左侧的颜色标度描绘了立面的亮度情况，蓝色代表低照度区域，红色代表高亮度区域。可以看到立面的最亮区域是那些采用全部 4 层透明 ETFE 覆盖的部分。仅采用 1 层镀点的立面部分的亮度大约是 7 000cd/m²。在办公环境中，这一亮度过高，有可能会令人感到不适；但在嬉水大厅这样的半室外环境中，这一亮度水平是人们可以接受的。可能造成视觉不适的最主要来源是全透明的立面部分，特别是立面上部显示了最亮的天空区域。

按照可能造成视觉不适的预测方位，可以推算不同观察方向的日光眩光指数，除了直视太阳的情况外，所有推算出的日光眩光指数都处于可觉察到的等级，但都处于人可以接受的范围内。根据这一分析，半透明的镀点不会造成显著的视觉不适。虽然完全透明的部分会造成一定程度上的不适感，但是也增强了半室外的娱乐氛围，建立了室内外的视觉联系，为嬉水大厅增加了有趣的光影效果。

(6) 人员的安全

采光设计还必须保证空间内的所有人员的安全，这就意味着在视觉上不能出现安全隐患。例如，对造浪池旁的救生员而言，从水面反射的日光会严重影响他们观察水下出

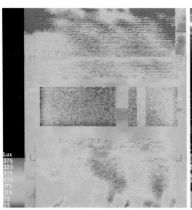

图12 比赛大厅采光均匀性模拟，右图为建成后的实景

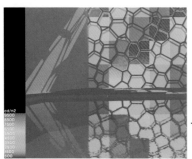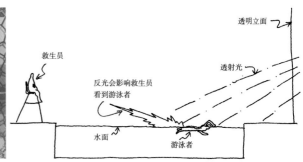

图13 嬉水大厅西立面视觉舒适性研究　　图14 自然光和泳池的人员安全问题

现了麻烦的游泳者（图14）。因此，需要精心考虑光线的分布和救生员的位置，避免从池面反射的阳光干扰救生员的视线。

（7）体育比赛和电视转播时的临时设施

比赛大厅内部空间主要供全国性和国际性体育比赛以及电视转播使用。奥运会的电视转播要求"不得有日光直接或间接（通过反射）射入比赛建筑物内部，包括来自于临近非比赛区域的日光。"这一规范要求非常严格，但是要遮挡全部透明的立面非常困难，因此设计除了列举允许有采光的电视转播先例之外，还从性能要求上考虑了自然采光对电视转播照明可能造成的影响。

在电视转播期间泳池采光的主要问题是消除水面上产生的不利反射，保证观看视线清晰。对那些位于光源正对面的观众而言，这一问题最为明显。因此，在电视转播期间，比赛大厅东立面需要遮挡，以消除穿过该立面的日光在水面引起的反射。同时，屋顶不能直接透射太阳光，泳池和池岸上方的照度需要很均匀并成散射状。最终的设计在东立面使用索结构悬挂轻质声学板，同时解决了吸声和遮光的问题。

此外，比赛大厅内采光水平的短时变化率也很重要。摄像机所承受的亮度级别的任何改变（例如太阳被乌云短时间遮挡时所造成的亮度改变）都可能需要对摄像机的设定进行相应的调整，以及对相应的体育照明进行调整。这些调整需要消耗人力、时间和财力，也是电视转播机构所极力反对的。为了解决这个问题，设计有意将空间内的采光水平设定为明显低于电视转播照明的水平。如果泳池大厅的采光系数是 2.5%，转播照明提供 2000lx 的光照，那么预计内部亮度级的最大短时变化率将约为 1/5，这一变化可以由摄像机的自动调整来适应。因此内部采光水平应限制在泳池和池岸的采光系数为 2.5% 的范围内。

根据所制定的物理性能目标，最终为立面的每个部分提出设计策略，这一设计策略决定了立面和屋顶各部位 ETFE 幕墙表面镀点的密度和视觉状态（图 15）。

4）声环境

在临时吊顶、马道表面、天花宽夹具、核心筒墙面、观众席后墙、东内立面等部位使用高性能吸声材料，包括穿孔蜂窝铝板、玻纤吸声板等，使比赛大厅的混响时间控制在 2.5s 以内，创造了良好的建声环境。扩声系统选用指向性较好的扬声器系统，总噪声级 NR35，观众席语言传输指数 STI 平均值为 0.52。

ETFE 气枕的隔声性能较差。根据测试结果，两个三层气枕的空气声隔声量为 20(dB)。比赛大厅和多功能厅时常会同时举办活动，为增强两者之间的气枕内墙隔声性能，赛后在气枕的内层额外增加了聚碳酸酯板。

屋面的设计使用一种防雨噪声网的缓冲材料，以控制屋顶的雨水冲刷噪声，使建筑内部噪音等级符合相应的设计标准。在气枕边框处做好雨噪声降噪网安装的预留，在必要时安装。经过实验测试，防雨噪声网可减少雨噪声 10 ～ 12dB。

5. 快速泳池： 世界纪录的舞台

2008 年奥运会游泳比赛中，各国运动员在"水立方"共计 24 次打破 21 项世界纪录，刷新了 66 项奥运会纪录。各项纪录被打破的速度之快、规模之大为世界仅有，创造了游泳比赛历史上的奇迹。"水立方"由此成为世界上最快的游泳池（图 16）。

新的世界纪录归功于运动员的天赋和科学刻苦的训练，以及高科技的泳衣等装备。此外，在泳池的水质、水温控制、泳池构造、施工精度等方面采用先进的技术、设备和设计理念，加上比赛大厅空气质量优良，自然光线、声音效果、建筑构造和色彩等方面优美和谐，共同营造出舒适、愉悦、令人兴奋的室内整体环境，也有利于运动员迅速达到最佳竞技状态，发挥出最好的竞技水平。

1）水处理系统

国家游泳中心采用石英砂过滤加臭氧消毒的池水循环利用技术，即全流量臭氧消毒、长效氯制剂辅助消毒的方式。泳池水处理系统由智能控制中心在线监测水温、pH 值、浊度、

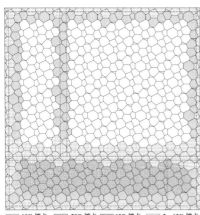

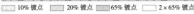

图 15 屋顶镀点密度   图 16 游泳比赛池

余氯、臭氧浓度等参数，并自动控制换热器、投药泵、臭氧发生器等设备。

经过处理后的池水清澈碧蓝，令人赏心悦目。池水 pH 值控制在 7.2～7.6 之间，是国际泳联和国家标准要求的最佳生活用水 pH 值。根据相关规定，一般泳池水温在 25～27℃均符合要求。通过自动化监控，"水立方"的池水温度稳定在 26.5～26.9℃，水温温差在 0.5℃以内。同时，逆流式水循环设计和领先的池底吸污设备，保证不同水层、不同部位的水温、游离余氯和 pH 值均匀一致，大大地改善了泳池各项指标。

泳池水处理系统主要包括池水循环系统、池水净化系统、池水的加药和水质平衡、池水消毒、池水加热、水质监测和系统控制、排水系统及池水净化设备机房八大部分。

游泳比赛池：游泳比赛池除满足国际性的游泳比赛外，兼顾花样游泳比赛和水球比赛。池体尺寸为 50m×25m×3m，总水量为 3 750m³，循环周期为 4h，循环流量为 985m³/h。

跳水比赛池（包含跳水暖身池）：跳水比赛池池体尺寸为 30m×25m×（4.5～5.5）m，总水量为 3660m³，循环周期为 8h，循环流量为 480m³/h。

跳水暖身池池体尺寸为 Φ3m×0.8m，总水量为 5.652m³，循环周期为 0.25h，循环流量为 25m³/h。

热身池：池体尺寸为 50m×25m×2m，总水量为 2 500m³，循环周期为 4h，循环流量为 656m³/h。

泳池循环方式为池底进水，池顶溢流回水的逆流式循环方式，池底设泄空口。循环工艺流程为：池水溢过池顶流进溢流回水槽，通过槽底回水管重力流入均衡水箱。循环水泵从均衡水箱中吸水（自灌）加压，在水泵吸水管上投加絮凝剂并充分混合，经毛发收集器去除毛发及大颗粒物质后，进入石英砂过滤器，以去除悬浮物、色度等。过滤出水进行臭氧消毒，经反应罐使臭氧和池水充分混合，进入活性炭吸附罐，吸附残余的未经反应的臭氧，同时把臭氧氧化所凝结和氧化的污染物滤积在活性炭层中。滤后水进入换热单元，采用分流加热，经过板式换热器的水与未被加热的水充分混合。池水在线采水管处设置温度监测点，用于调节热媒流量，从而达到控制水温的目的。加热的滤后水依次投加 pH 值调整剂和长效消毒剂。在线设置水质测控台，根据池水中的 pH 值和余氯检测值自动控制精密计量泵投加酸碱液和次氯酸钠溶液的量，保证泳池中水的 pH 值和余氯值在要求的范围内（图 17）。

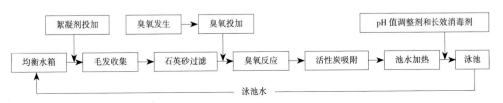

图 17　游泳池水处理系统流程图

2）空气环境

通过大厅东西两侧的喷口送风和池岸溢水槽回风的气流组织方式，一方面将充足的室外新鲜空气直接送到比赛泳池池面，同时也将二氧化碳（CO_2）及氯气（Cl_2）及时排走，将其浓度降至最低，减少对运动员的不利影响。为了给运动员和观众分别提供舒适的室内环境，实现比赛大厅的大环境和小环境的分别控制，在泳池大厅和观众看台采取分区空调技术，观众区域采用座椅送风方式，并采用独立新风系统，观众的耗氧量对池岸区域不产生影响，保证比赛区域的新风含量。比赛大厅及观众区的温度场、速度场、CO_2 及 Cl_2 浓度的模拟结果均在优质范围（图 18）。

分析结果表明游泳池上方及周围人员活动面 CO_2 平均浓度为 0.4‰左右，控制标准为 1.5‰，优于控制要求。Cl_2 计算平均浓度为 4E-08，相当于 0.04ppm，人体可承受的 Cl_2 分压力为 1ppm，优于控制要求。观众区的 CO_2 平均浓度为 0.5‰左右，Cl_2 计算平均浓度为 3E-08，均达到控制要求。在奥运会比赛期间，实测数据和模拟数据吻合，室内环境的 CO_2 和 Cl_2 浓度控制在很低的水平。

池岸环境温度控制在 25 ～ 27℃；地板采暖提供舒适的地面温度，池岸风速控制在 0.2m/s 之内。

3）"池套池"结构

竞赛池混凝土结构采用了双层独立池体，泳池体底板和侧壁与看台、池岸、地下室墙体完全分开，池体结构下面设一个滑动层，泳池檐口与周围看台楼板断开，中间的空隙设计为池岸回风口。这种独立的泳池结构可以避免周围的看台、池岸上因观众活动、设备运行向泳池传递振动，最大限度保证池水稳定。

泳池的四周采用了独特的溢水槽设计，能有效地溢出表面的水，减少池水表面的污物。溢水槽细部剖面呈流线型，用于降低溢水噪声，并保证池水迅速平稳地溢流，消除游泳

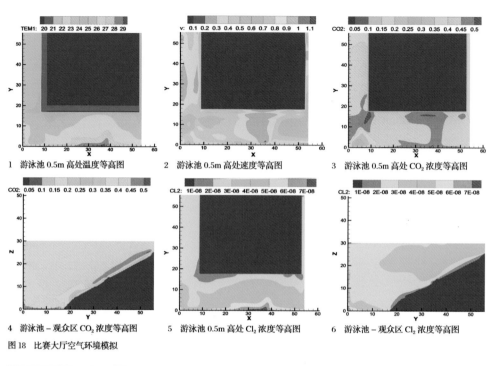

1 游泳池 0.5m 高处温度等高图　　2 游泳池 0.5m 高处速度等高图　　3 游泳池 0.5m 高处 CO_2 浓度等高图

4 游泳池 – 观众区 CO_2 浓度等高图　　5 游泳池 0.5m 高处 Cl_2 浓度等高图　　6 游泳池 – 观众区 Cl_2 浓度等高图

图 18　比赛大厅空气环境模拟

图 19　从 3 米跳板看比赛大厅

图 20　比赛大厅：赛时和赛后实景及剖面图

者活动时产生的波浪，减低对运动员的干扰。

国际泳联要求泳池长度误差控制在 3cm 以内，也就是泳池完成面的长度要控制在 50.020 ～ 50.050m（安装电子触摸板之后为 50.000 ～ 50.030m）。通过对泳池各个基层和面砖厚度进行精确的预控制、过程控制和电脑排砖，实现了泳池施工的高精度，所有泳道测试点尺寸实测值均在 50.020 ～ 50.025m 之间。

4）光环境与照明

比赛大厅照明按照高清晰度电视转播（HDTV）标准进行设计，照度、均匀度、梯度、显色性、眩光等指标均达到严格要求，光源色温 5 900K，接近自然光，为电视转播、运动员、裁判员和观众提供了优质的室内照明环境。并严格控制水面的反射眩光。

6. 赛后改造： 从体育场馆到公共中心

从方案、方案深化到初步设计的这几个阶段，水立方的设计都是以赛时和赛后两种模式完成；基于这两种模式，赛时的施工图在 2004 年 4 月 28 日递交，2007 年 12 月赛时工程竣工验收；之后是测试赛和奥运会之前北京奥组委进行的赛事临时设施的安装工作（图 19）。经过比赛和赛后 1 年的运行，赛后的全部施工图至 2009 年才全部完成并实施，2010 年 8 月赛后改造工程竣工，并重新向公众开放。

作为设计任务书，《国家游泳中心奥运工程设计大纲》规定了国家游泳中心的功能目标是"承担北京奥运会游泳、跳水、花样游泳和水球比赛，在赛后成为公众的水上娱乐中心"。设计应对的方式包括将正方形平面的场馆划分为三个主要的多功能通用空间，为每一空间设定针对赛时和赛后场景的转化方式。其中最为关键的设想是对看台的改造，在临时看台拆除后的空间建设南北两个小楼，从而建立各个主要使用大厅之间的开放空间和服务设施，成为一个综合性水上乐园的园前区。

尽管在赛前场馆的运营商没有确定，设计中为赛后所考虑的那些使用功能存在很多假设，但是在施工之前，同步完成赛时和赛后模式的初步设计，这样一个决定在很大程度上保证了设计目标的一贯性和最终实现，尤其是涉及消防性能化策略所设定的人员使用荷载和机电设备系统的容量等关键技术课题。在设计中，主要的策略针对赛后的使用需求进行，而尽可能使用临时设施来保证比赛的要求。这一想法经受了实际运行的检验和细节上的不断调整与完善，总体上保障了水立方的持续运营。

1）比赛大厅

看台的容量变化是赛时和赛后模式在建筑设施上的主要区别。悉尼奥运会的水上中心已经使用了大规模临时看台，在比赛之后拆除，以缩减场馆的体量。2012 年伦敦奥运会水上中心对临时看台的处理方法与悉尼几乎完全相同。水立方在奥运会期间提供 17 000 个座席，而在比赛之后仅保留约 6 000 座（图 20 赛时和赛后剖面，对比看台的变化）。紧邻池岸的永久看台采用混凝土台阶和半透明的聚碳酸酯座椅，而上部 11 000 座位的临时看台采用钢结构，钢格栅和水泥纤维板做台阶，座椅也采用易于回收的工程塑料。座椅包括蓝、白共 4 种颜色渐变，用以模拟自泳池溅出的水花。渐变的色彩组合方式同时考虑了赛时和赛后的视觉效果。

为控制赛后改造的工程量，马道和体育照明、音响等设备布置也同时考虑了赛时和赛后的不同需要。因为赛后座椅数量缩减，单座的空间容积增加，新建的小楼立面大多采用了穿孔的声学表面以调整大厅赛后的混响时间。

比赛大厅的核心是游泳池和跳水池。奥运会之后，比赛大厅不仅举办了国际泳联游泳、跳水、花样游泳等具有重大影响的国际体育赛事，还成为一个多功能的演出场地，上演"梦幻水立方"驻场演出、电视晚会等节目。

2）嬉水乐园

嬉水乐园是水立方最为活跃的空间之一。2003 年的时候曾经希望在赛前建成并对公众开放，但是一方面因为运营商没有确定，另一方面工期面临的困难又远超预期，所以在赛前只建造了乐园的结构和消防所必需的设施，包括桩基、结构底板和两个高塔。乐园的全部设施在 2010 年建成，主要包括中间的造浪池，两侧的滑道、漂流河和娱乐池。造浪池每个小时间歇掀起波浪的时候，总会引发大人和孩子们欢乐的浪潮。早先为嬉水乐园预留的更衣室、淋浴等设施不敷使用，所以赛时竞赛官员办公所使用的那些区域也改建为更衣室。

乐园的设计主题是"深海"。除了游乐设施之外，还包括大型的海草、珊瑚、气泡、水母等装置道具。这些装置大多使用印刷 PVC 或 ETFE 制作，由精巧的钢构和索支撑，和水立方外墙的 ETFE 气枕一起，展示了膜材丰富的表现力。嬉水乐园的壁画沿自动扶梯侧面一直延伸到南侧小楼的四层。

嬉水乐园位于水立方的南立面，是实现被动式节能策略的关键空间。外墙和屋顶的 ETFE 气枕经过详尽的模拟和设计，可精确地控制太阳能、可见光和遮阳的性能。设计阶段进行的全年能耗模拟经过了实际运行的检验。南立面气枕的银色镀点经过精心计划，以控制乐园内的自然光线，既能有大致均匀的照度，又有在阳光下戏水的乐趣。

3）步行街

贯穿水立方东西主轴的步行街赛后称为"零八大道"，正对鸟巢的东西轴线，是比赛时人群集散的主要路径，也是连接各功能大厅的主要开放空间（图 21）。大道的北侧通往比赛大厅，由扶梯连接上部的商业和公共服务设施（图 22），在南侧透过 ETFE 气枕墙下的通长玻璃，可将嬉水乐园的欢乐气氛尽收眼底。

比赛大厅临时看台拆除后新建的南小楼就在商业街北侧，二层、三层分别是餐饮和零售商业，四层包括展示厅、水立方探秘馆和一个水滴形的小剧场。北小楼首层西侧为

图 21 南商业街

图 22 南商业街扶梯

图 23 北商业街

图 24 网球场/多功能厅

贵宾休息室,东侧为食街(图23);二层为体育主题的咖啡厅;三层设有一个亲子游泳俱乐部和篮球场;四层为办公区域。

4)热身池大厅和多功能厅

热身池大厅在比赛时供运动员赛前训练和热身使用,日常对游泳爱好者开放,其中的一半泳道日常为浅水区。热身池北侧曾设计小型的多功能池,因更衣室数量不足而被占用;最顶层设计小型的俱乐部泳池,现在为办公管理用房。

热身池大厅的上方是多功能厅,最初设计的功能是冰场/多功能厅,目标是在水立方内提供从水到冰的全部场地。在实践中,这一场地一直作为3片网球场使用;还作为多功能厅举办了各种丰富多彩的商业活动,受到极大的欢迎(图24)。

自从2008年奥运会后对公众开放到2019年间,水立方累计接待游客超过两千万人次,每年举办各类活动近百场,包括国际体育赛事、公益文化活动、文艺演出、群众游

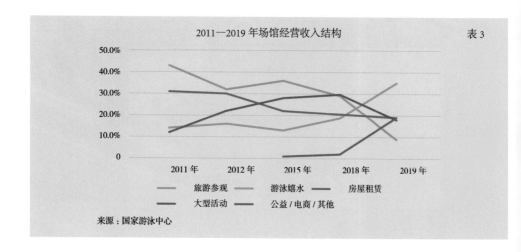

2011—2019 年场馆经营收入结构　　表 3

来源：国家游泳中心

泳健身、商业活动、旅游等各个方面。水立方已经形成丰富的多业态经营模式，带来多元化的场馆收入。在场馆高额的运营成本压力下，连年实现盈亏平衡，并且收入结构不断优化（表 3）。

　　旅游参观收入随着奥运参观的热潮退却，逐年呈下降趋势，大型文化活动、群众游泳健身业务逐年上升，填补了旅游收入下降的空间。同时，由于活动内容丰富并采取一系列公益政策，每年进入场馆的人群总量保持在 200 万人以上。

　　体育场馆的日常运营一直被认为是一个世界性的难题。确实，若以收入的盈利作为唯一的标尺衡量一个场馆，在我国体育产业的现状下，恐怕少有场馆堪称成功。除了商业利益，鸟巢、水立方还以开放的公共空间和对公众强烈的吸引力，塑造了北京面向未来的城市特征，和奥运会的精神遗产一起，成为我们生活中不可或缺的一个部分。

国家网球中心

National Tennis Center

Beijing

—2008

网球中心和森林公园

2 自东北方向鸟瞰国家网球中心

3 网球中心、射箭场、曲棍球场全景

4 国家网球中心观众通道，2008年8月16日，奥运会比赛期间

5 从预赛场看中心赛场

中心赛场夜景

中心赛场内景

8.1号平台中间大楼梯

9.下沉庭院

10.中心赛场局部

11.赛场内景

C1 赛场内夜景

清水混凝土外墙，玻璃和立面遮阳

14　下沉庭院内景

15　1号平台下的主通道

16　1号平台入口门厅

17　奥林匹克大家庭休息室

18　2008年火奥运比赛期间

设计图纸
Drawings

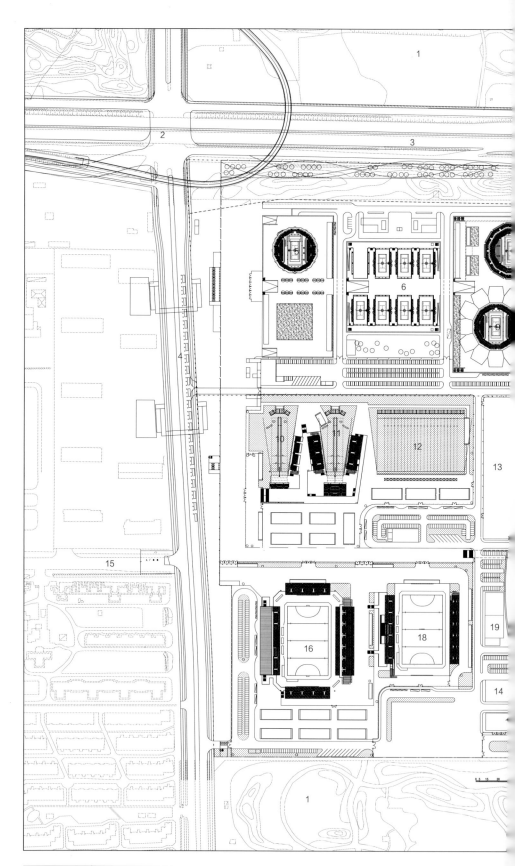

网球中心、射箭场、曲棍球场规划总平面

1　奥林匹克森林公园
2　林萃桥
3　北五环路
4　林萃路
5　网球 2 号赛场
6　国家网球中心
7　网球 1 号赛场
8　网球练习场
9　网球中心赛场
10　射箭淘汰赛场
11　射箭淘汰赛 / 决赛场地
12　射箭排位赛 / 热身训练场地
13　广播电视综合区
14　物流区
15　域清街
16　曲棍球场 A
17　清废区
18　曲棍球场 B
19　餐饮区
20　奥林西路

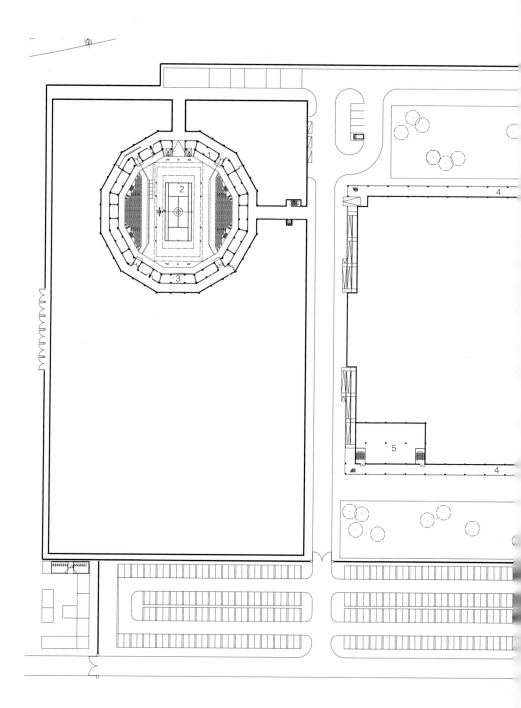

1 控制室	6 制冷机房	11 柴发机房	16 更衣室
2 2号赛场	7 内院	12 设备夹层	17 球童休息区
3 评论控制室	8 场馆运营门厅	13 1号赛场	18 技术官员入口
4 走廊	9 安保中心	14 场馆运营	19 技术官员休息区
5 污水处理站	10 变配电室	15 兴奋剂检查站	20 新闻发布区

平台附属用房首层平面

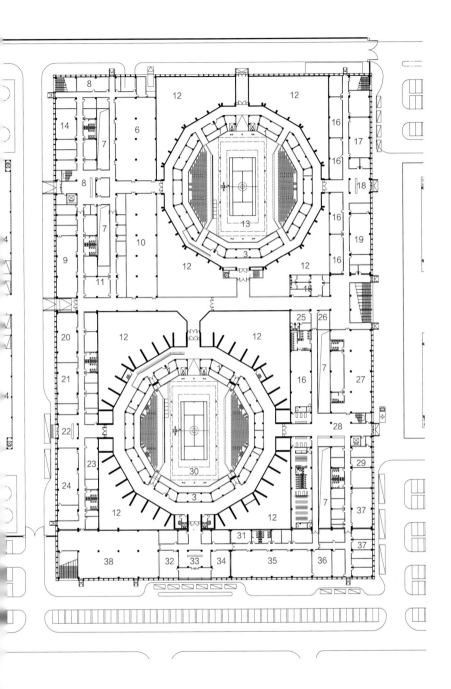

媒体工作区	26 健身房	31 机房	36 贵宾备餐区
媒体门厅	27 运动员休息区	32 交通指挥室	37 技术官员区
成绩复印	28 运动员门厅	33 贵宾门厅	38 文字媒体区
媒体餐饮区	29 竞赛管理区	34 贵宾会客区	
医疗站	30 中心赛场	35 贵宾休息区	

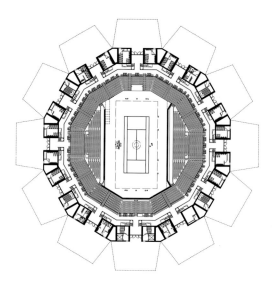

中心赛场二层平面

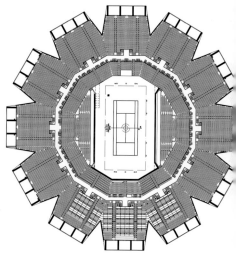

中心赛场看台平面

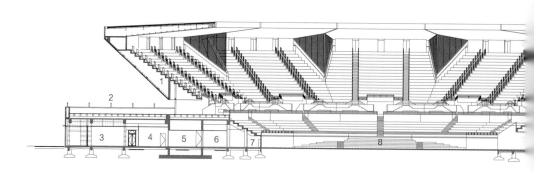

1	空腔	6	环形通道
2	1号平台	7	评论控制室
3	贵宾接待厅	8	中心赛场
4	礼仪区	9	1号赛场
5	走廊	10	环形走廊

中心赛场和C1赛场剖面

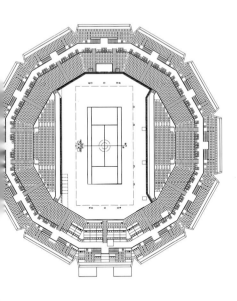

赛场看台平面

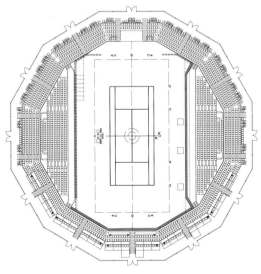

C2 赛场看台平面

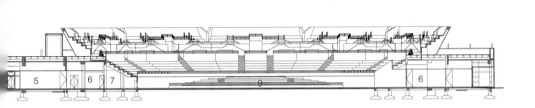

国家网球中心

　　国家网球中心（原名北京奥林匹克公园网球中心）位于奥林匹克森林公园南园西侧，北面是北五环路，承担 2008 年北京奥运会网球和轮椅网球比赛。赛后成为国际水准的网球中心，是历年"中国网球公开赛"的场地。

　　网球中心的建筑设计致力于创造一个位于森林中的体育中心，包括一系列高度专业化的网球设施，让人们在森林中享受网球运动的快乐。设计目标包括：

- 安全舒适的公共空间与场所体验
- 专业化的网球体育工艺设计
- 成功的赛事组织和赛后运营模型
- 绿色节能的体育建筑

1. 场地与公共空间规划

　　2008 年北京奥运会网球比赛场地的数量和悉尼奥运会、雅典奥运会的数量相同，包括 10 块比赛场地和 6 块练习场地，共设座席 17 400 个。原先的用地面积约 16.7hm²，到 2021 年整体环境提升的时候，建设用地增加到 20.73hm²。

　　网球比赛是多场次同时进行，比赛时间长，很多观众把观看网球赛事作为一种休闲或者社交活动，在网球中心待半天甚至一整天的时间来观看各个不同场地运动员的比赛。外场、半决赛场、中心场的格局充分考虑了观众的活动特点。对照"温网""法网""澳网"等大满贯赛事场地和公共空间的规划特点，场地的规划围绕一个清晰的中轴线展开，预赛场、半决赛场、决赛场分别位于轴线两端；练习场正对运动员休息室。观众通道位于中央，中心赛场布置在基地核心位置，半决赛场布置于两端。外场票一般是通用的，可以观看所有外场正在进行的比赛；中心赛场、半决赛场的票是专用的。规划布局使票务政策易于实施。西南侧的草坪最初是为了预留将来的赛场位置，奥运会时作为观众的休闲娱乐区，设有大屏幕和餐饮服务设施，观众可以在这里休息，或者亲身体验和学习打网球。

　　观众自西广场集中，沿中央 21m 宽的通道，分散前往各个赛场观赛。中央通道塑造了大规模体育盛事的气氛。观众集散空间按照人均 1.5m² 核定广场面积，保证集散安全的同时，也不致形成体育建筑周边常见的空旷广场，使观赛气氛亲密，符合网球中心传统的空间尺度。在开始阶段，每天进行两场比赛；但是因为网球比赛的结束时间不固定，有时候日场散场观众和夜场等候入场的观众在时段上会重叠。"换场"的观众流线设计对于网球中心的空间规划至关重要。因此，西广场设计充足的容量，以容纳观众候场。入场线路位于中央，离场线路位于南北两侧。

　　网球中心的场地规划获得国际网联高度评价，认为这一布局延续了网球运动的气氛

图 1　中心赛场和森林公园

和传统，简洁清晰，是一个高度专业化的网球运动中心。

2. 与森林公园的景观融合

奥林匹克森林公园占地达 $680hm^2$，是北京中轴线从城市到自然的北端点。网球中心以整个森林为背景，在充满自然气息的环境中塑造了一个高度开放的体育中心。在 16 片网球场地之间，"森林景观"如同手指一样渗透到网球中心内，形成森林与体育设施融为一体的景观特色（图1）。

利用森林公园原有地形高差，通过自西向东设置的缓坡形成渐渐升起的地形变化。在坡下东端安排了大部分的附属用房。通过这一处理使得赛场的建筑体量更为单纯，上部观众看台体量简洁、纯粹，微小的地形起伏与整个森林公园的地形变化形成巧妙的呼应。

自西向东，外侧布置预赛场，内侧布置中心赛场和 1 号赛场，然后是练习场。观众活动区位于平台以上，贵宾、运动员、媒体等持证人员布置在平台以下，实现观众和后院持证人员的流线立体分离。

3. 体育场设计

网球中心东西方向由 3 个平台构成。

1 号平台位于最东侧，标高 6m，中心赛场及 1 号赛场设置于此平台。主要功能用房均设置在 1 号平台下地面层。根据比赛需要，主要运行分区为竞赛区、观众区、运动员区、竞赛管理区、新闻媒体区、贵宾区、场馆运营区等。6m 标高为观众活动区及观众服务用房。平台南侧正中为奥林匹克大家庭贵宾出入口，东南角为国际网联竞赛官员入口，媒体入口设置于西侧南部，西侧北部为场馆运营入口。东侧南部为主要的运动员入口，东侧中部设置通向 1 号平台东侧练习场的出入口。东侧北部为裁判、球童等人群的入口。1 号平台南侧靠近贵宾出入口设有贵宾停车场。

2 号平台位于 1 号平台西侧，平台的地面标高层为半室外走廊，为技术官员、运动员、媒体等使用。通过 2 部电梯、4 部楼梯可以向上到 3m 标高层进入比赛场地，平台 4.5m 标高为观众通道，向下进入观众席。

3 号平台位于 2 号平台西侧，贵宾、媒体通过地面标高层使用电梯、楼梯向上到 3m 标高层，向下进入看台；运动员、技术官员等通过地面标高层使用楼梯向下进入 –3m 标高的比赛场地。

主要的媒体、运动员、技术官员、场馆运营停车场位于场地的东侧，靠近奥林西路。奥运会赛时的广播电视综合区、餐饮综合区、安保综合区、物流综合区和清洁废弃物综合区均为曲棍球场、射箭场、网球中心三场共用。

网球比赛的最佳视线分布接近圆形。三个主要赛场都采用正十二边形造型，12 个边就是 12 片看台。中心赛场看台高处切口，切口处设电控遮阳帘，为中心赛场塑造一个在围合和开放之间可变的体育场。自看台可以眺望森林公园的景致，同时也能够改善看台的自然通风条件。各体育场的看台设计提高了全部观众席的视线质量，设计 C 值①为大于90mm。无障碍看台最佳地融入普通公众看台之中，并且特别提高了视线质量，即使前排观众站立，无障碍席位的视线仍然不受影响。

中心赛场悬挑结构倾斜约 40°，气势磅礴（图 2）；简洁的体积和朴素的质感贴切地融入森林公园广阔的绿色景观。体育场和平台的外墙均采用清水混凝土立面，模板主要规格为 2100mm×1200mm，由透明氟碳涂料作为面层保护。在清水混凝土模板加工之前，玻璃幕墙、看台等部件进行了精确的协调对位，既保证观感效果，也保证了浇筑质量（图 3）。

4. 绿色环境技术

1）场地通风

网球比赛多在夏季举行，赛场地面的高温曾经使澳网公开赛的比赛中断。国家网球中心在中心赛场设置场地机械通风和自然通风相结合的系统，用于降低比赛场地的温度，并防止场内涡流的产生，改善看台区和场地区的热环境，为运动员提供更为舒适的比赛条件。

与建筑紧密结合，中心赛场的新风取自赛场看台下铝穿孔板及其缝隙。新风由风机经座椅下的土建风道送至场地的通廊，由下部地沟经扩散后从两侧进入场馆中心区域，然

---

① C 值是指体育场馆、剧院的观众看台每一排观众比前一排观众的视线升高值，一般为 60 ~ 120mm。

图2　中心赛场预制混凝土挂板　　　　　　　图3　清水混凝土立面

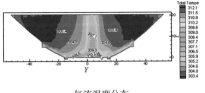

气流温度分布

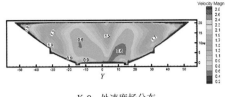

X=0m 处速度场分布

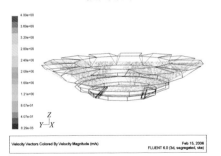

气流速度分布

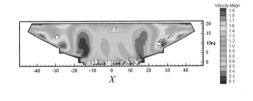

Y=0m 处速度场分布

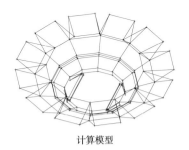

计算模型

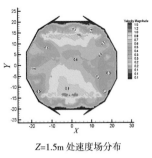

Z=1.5m 处速度场分布

图4　中心赛场通风模拟

后从赛场顶部自然排出，在竞赛区形成循环通路，缓解场地过热的现象。在夏季无风时，人员活动区热舒适性随着高度的增加逐步改善。人员活动区空气温度在 31 ～ 34℃ 之间。室外有风的情况下，赛场内通风效果良好，网球场地处空气温度为 33℃ 左右，上部座椅区空气温度为 31 ～ 32℃ 左右（图4）。

2）建筑节能

①自然采光：网球中心1号平台是一个134m×205m的矩形平台。平台下集中了绝大部分的功能用房，尤其是大量的竞赛管理 / 休息和办公用房。不需要自然采光的设备机房、卫生间、更衣室等用房位于平台的中间部位，采光面留给各类竞赛人员所在的空间。为提高自然采光效率，在平台的深处场馆运营区和运动员区设置了景观内院，有人员经常使用的房间均保证良好的自然采光和自然通风，同时也创造了优美的景观效果。在中心赛场和1号赛场环廊内设置采光天井，利用上部露天看台交通环廊侧壁的采光百叶窗，为主要赛场通道提供自然采光和自然通风，提高了室内环境质量，降低了照明能耗。

②建筑外遮阳：外窗利用建筑造型设置横向遮阳系统，减少太阳辐射热，节省空调能耗且增加舒适性。

③可呼吸的建筑外墙：中心赛场及1号赛场外墙面采用穿孔金属板，内部形成自然空腔，作为进风、出风通道，为赛场最大限度地引入自然气流。

④节能围护结构体系：架空屋顶与平台结合，通过垫层空腔提高屋面的保温和蓄热特性。

⑤土壤源热泵：利用浅层常温土壤中的能量作为能源，无污染、低运行成本。系统主要服务于C2赛场下功能房间，夏季供冷，冬季供热；设计赛场的总冷负荷为120kW，总热负荷65kW。室外采用垂直式双U形PE地埋管，地下换热器32个，深度100m。

3）遮阳帘幕

在下午较晚时段，中心赛场看台高区的开口在场地上会形成局部直射阳光，高亮度直射光可能影响运动员比赛和电视转播。因此，在看台开口区设置遮阳帘幕，下午规定时段自动关闭，其他时段开启，用于精确控制比赛时场地内的日影分布（图5）。

4）赛场隔声

网球比赛中，需要最大可能地降低外界噪声，使赛场保持安静，避免影响运动员的注意力，尤其是北五环路交通噪声。为此网球中心进行了三项特别处理：

①在北五环路的南侧安装隔声屏障。

②北五环路市政绿带宽50m，景观设计为起伏的微地形变化。通过堆土小丘，密植树木形成生态隔声屏障，降低10～15dBA背景噪声（图6）。

③网球中心赛场全部自平台下沉，外场北侧底线设隔声墙。

5）节约水资源

网球中心通过膜生物处理工艺（MBR）进行中水处理，达到污水零排放。系统出水水质能达到生活杂用水水质标准。区域内大部分雨水经室外雨水管道收集后，通过自然沉淀澄清作用，再由水泵抽取水体上层澄清的水，用于区域内的绿化、浇洒，处理能力20t/h。

图 5 遮阳帘幕

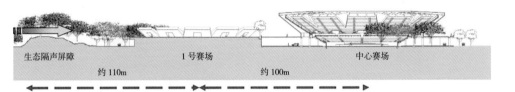

图 6 生态隔声屏障

太阳能热水系统设有平板式太阳能集热器（150m²），集热水箱容积 7m³，可为比赛期间男女更衣室的 24 个淋浴同时提供热水。每年相当于节省超过 10 万度电，估算二氧化碳年削减量约 25t。

6）智慧场馆系统

网球中心采用了当时领先的数字化应用，涵盖数字安防、交互式数字电视、数字广播、通信网络等系统。楼宇自控系统通过最佳控制进行节能管理，提供可靠、经济的能源供应。

北京奥林匹克公园射箭场
Beijing Olympic Green Archery Fields

北京 Beijing
2006—2008

射箭场整体鸟瞰

摄影：陈溯

2　决赛场、好运北京测试赛

3 决赛场观众平台

4 2008 年奥运会射箭比赛场景

设计图纸
Drawings

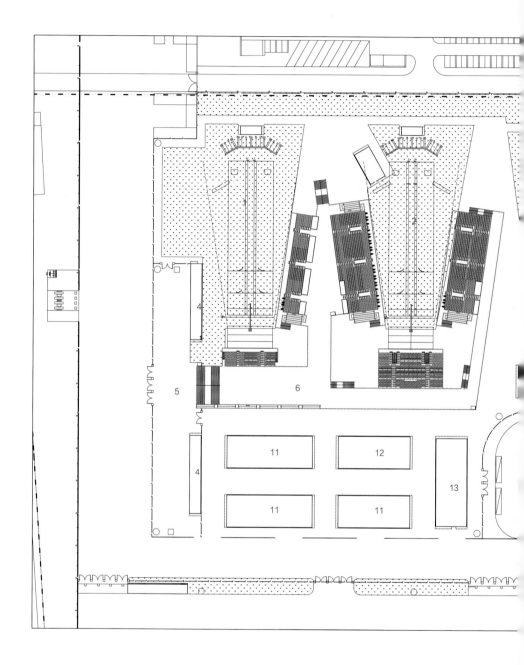

1 淘汰赛场地   6 观众集散平台   11 运行管理用房
2 淘汰赛 / 决赛赛场 7 贵宾用房   12 新闻发布厅
3 排位赛 / 热身训练区 8 竞赛管理用房   13 媒体用房
4 观众服务   9 运动员用房
5 观众集散区   10 广播电视综合区

射箭场总平面

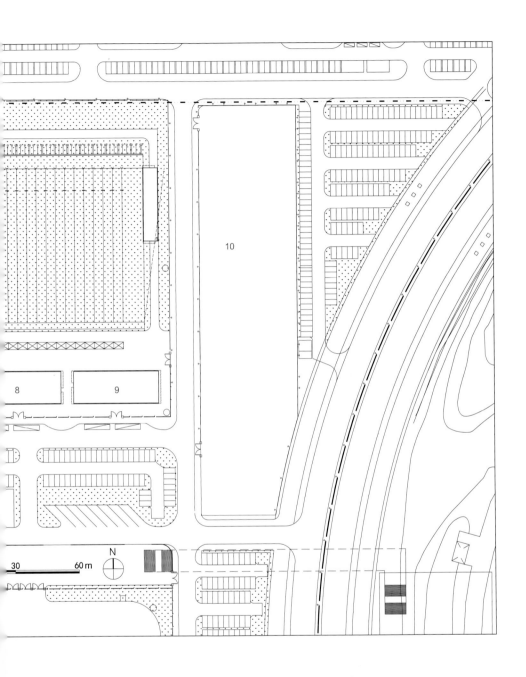

8

9

10

N

30   60 m

北京奥林匹克公园曲棍球场
Beijing Olympic Green Hockey Fields

北京 Beijing
2006—2008

1　自西南方向鸟瞰曲棍球场

摄影：陈凯（新华社）

场区入口

4　A场西看台西南侧，奥运会期间

A 场内部，好运北京测试赛

5　2008 年 8 月 22 日，奥运会比赛期间

6　入场观众

A 场西侧上下车点

8 B 场西侧

A 场西南侧，好运北京测试赛

10　赛时后院

11　A场东南角

设计图纸
Drawings

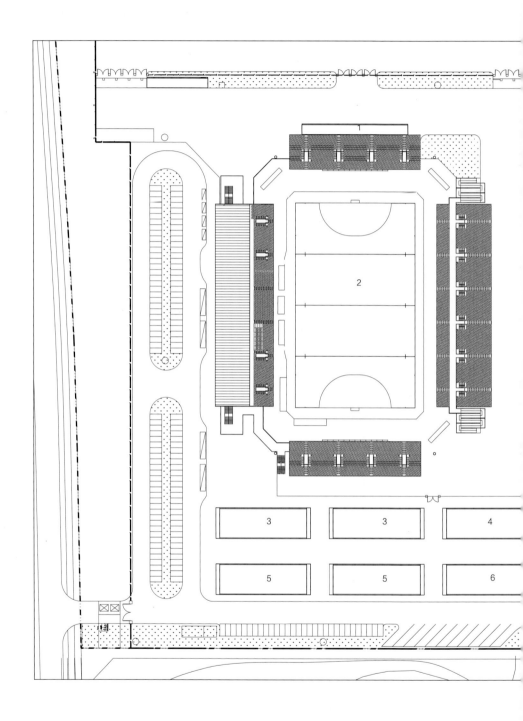

1　观众服务　　　　　5　场馆运行区　　　　　9　餐饮综合区
2　比赛场地（A场）　　6　安保用房　　　　　　10　物流综合区
3　媒体工作区　　　　　7　比赛场地（B场）　　11　清废区
4　技术用房　　　　　　8　电力综合区

曲棍球场总平面

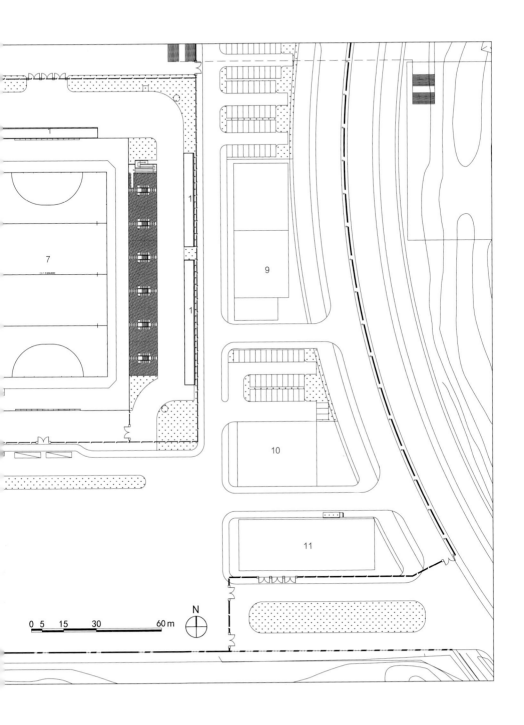

7

1

1

9

10

11

0 5 15 30 60 m

N

133

1 消防指挥室
2 储藏间
3 球童休息区
4 运动员休息区
5 兴奋剂检查站
6 候检区
7 医务室
8 更衣室
9 运动员门厅
10 裁判区
11 成绩处理
12 竞赛管理
13 混合区
14 比赛场地
15 工作区
16 观众服务
17 垃圾间
18 临时看台架体

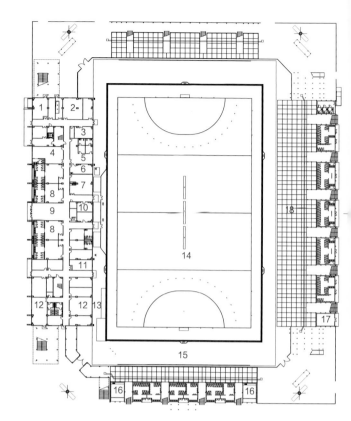

A 场首层平面

1 观众平台
2 观众入口
3 贵宾用房
4 运动员区
5 办公室
6 比赛场地
7 观众看台

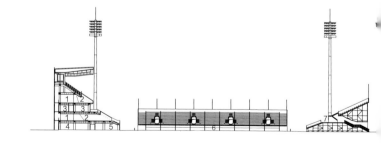

A 场剖面

1　消防控制室
2　灯光控制室
3　计时计分控制室
4　摄像平台
5　体育展示控制室
6　扩声控制室
7　安保观察室

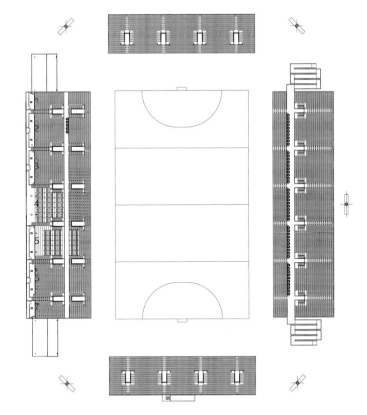

1　扩声控制室
2　技术控制室
3　摄像平台
4　体育展示控制室
5　灯光控制室

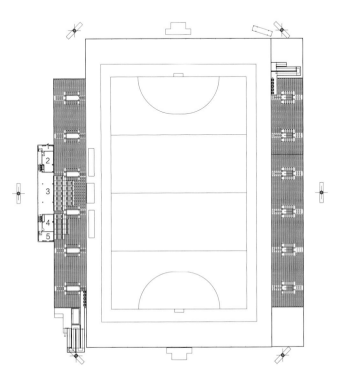

朝阳公园沙滩排球赛场
Chaoyang Park Beach Volleyball Venue

北京 Beijing
2006—2008

1. 东立面

2··西南侧鸟瞰

决赛场

4 赛场一角

5 运行区使用保留的旧建筑

6 观众安检大棚

看台顶部的旗帜

8 场地

临时钢结构

观众入口

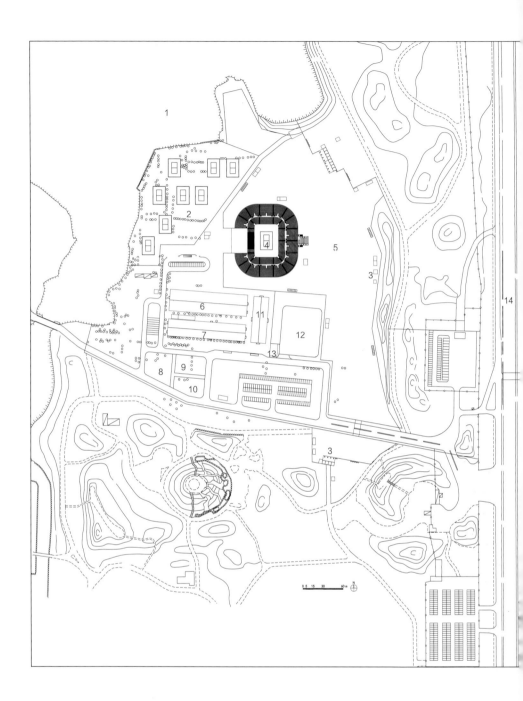

1	北湖	5	观众集散广场	9	餐饮综合区	13	场馆注册办公室
2	训练场	6	运动员用房	10	清废综合区	14	东四环北路
3	观众服务	7	场馆管理用房	11	媒体用房		
4	比赛场地	8	物流综合区	12	广播电视综合区		

总平面

临时场馆的场所和事件

通常来说，奥运场馆 = 永久场馆 + 临时设施。

奥运会对城市空间、建筑功能、基础设施的需求都非常巨大，每个永久场馆都需要大量的临时设施来支持奥运会赛时运行，包括室外的广播电视、物流、安保等综合区；临时看台、安保围栏、安检设施等等。当场馆未来使用需求不确定的时候，全部使用临时设施来建设场馆就是应对奥运需求的一个重要方式，用于节约城市建设用地，省去场馆维护运营的长期费用。临时场馆的技术促成了重要的城市场所和文化事件的结合。

1. 场所和事件的结合

从古希腊的体育场到今天举办奥运会的场馆，体育建筑为人们提供了丰富多彩的娱乐空间。在平凡的日常生活之外，提供了激情四射的体验，不仅构成了现代社会特有的文化景观，愉悦人们的身心，更以强烈的人文精神催人奋进，生生不息。

体育比赛和大型活动有一些在永久性的场馆举办，有一些则由于城市体育产业发展的特点以及项目本身的普及程度等原因，更适合于在临时场馆举办。临时场馆有两个核心目标，其一是出于环境的可持续考虑，在大型事件中减少人类活动对于现存环境和资源的影响，例如节约建设用地，省去大型场馆日后大量的能源消耗和高昂的运行维护成本；其二则是把比赛置于城市中那些重要的广场、公园或公共空间、景观等特色环境中举行，从而使赛事和这些公共空间互相激发而形成新的场所魅力，丰富城市公共空间的内涵，同时也能增加比赛的吸引力。以奥运会沙滩排球赛场为例，悉尼奥运会在风景如画的邦迪海滩搭建临时场馆；北京奥运会曾考虑把沙滩排球比赛放在天安门广场，最终选择了朝阳公园；伦敦奥运会则在骑兵广场搭建了临时赛场。这几个临时赛场都选址于城市中最为知名的公共空间之中，实现了在特定时刻事件和场所的紧密结合。

荷兰贝尔拉格学院为 2028 年奥运会进行的研究提出以临时场馆的方法重新定义奥林匹克运动和城市的关系，其中"马戏团奥运"和"城市奥运"两种策略都展示了事件与场所结合有可能达到的深度（图 1）。"马戏团奥运"计划使用超过 18 000 个集装箱装载可移动的观众席、卫生间等服务单元，在机场、港口、广场或社区搭建比赛场馆[21]，有关比赛的记忆将无处不在。"城市奥运"策略提出在市中心一公里范围内安排所有奥运场馆，通过精心嵌入的临时场馆避免传统大规模体育设施在赛后形成城市的负担，并且能够以运动重塑城市中心的活力，重新思考公共空间的意义。现有的城市建筑成为比赛场馆的一部分，居民能够透过窗口欣赏比赛。这个场景并非全部基于想象，可拆装的临时看台单元、临时空调和电力系统、临时卫生间等设施早已投入使用。通过恰当的技术选择和设计，城市成为巨大的舞台，就像环法自行车赛在巴黎街道上举行时万人空巷的盛大场面，

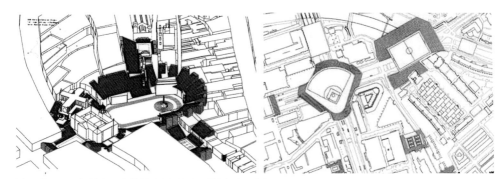

图 1　荷兰 2028 奥运畅想 "马戏团奥运"（左）和 "城市奥运"（右）

或者城市马拉松举办时的情景一样。

使用永久性、纪念性的结构建造体育场，或者临时性、可拆除的结构建造体育场，是两种看起来截然不同的技术选择。这一选择背后显示了不同城市在不同的发展阶段对奥运会这一事件的不同立场和方法，以及对城市文化自身意义的塑造。

临时场馆主要由场地、临时看台、帐篷和可移动的建筑物等组成。对于奥运会和其他一次性的大型活动而言，这些设施成为节省造价和实现大型基础设施的可持续性必不可少的技术手段。设计和建造中的新技术促成了可拆装设施的发展和应用，并且可以在市场中租赁。临时结构经常采用模数化系统，以钢、铝、玻璃、木材或膜材建造，能够在尺寸和形状上提供多种多样的选择，并且保证功能使用和较高的建筑品质。临时场馆施工安装周期短，能够保证比赛按计划进行，并且易于增加或者缩小规模，精细地调整各类比赛设施的需求和标准。

除了场地和看台之外，临时场馆大多会利用周边的现有建筑物作为比赛辅助设施，或搭建帐篷、临时卫生间等。例如北京奥运会沙滩排球赛场附近有 3 栋原计划拆除的旧厂房，通过改造作为赛时运动员、贵宾和媒体的用房。

2. 近几届奥运会的临时场馆

自 2000 年悉尼奥运会以来，奥运场馆形成了新建场馆、利用已有场馆改扩建和临时场馆三种基本类型。比较悉尼、北京和伦敦三届奥运会的比赛设施，可以看到临时设施和临时场馆数量的显著增加。从古代雅典纪念性的大理石体育场到现代奥运会通过大量临时设施和场馆进行比赛，体育建筑现今形成纪念性的圣殿和临时性的帐篷并存这样极大的技术可能性，两种方式中都包含了当代最为先进的建筑、结构、机电和建造技术。

悉尼 2000 年奥运会总计使用了 30 个比赛场馆，开始在奥运会大规模引进和使用临时场馆和设施 [22]。主体育场在场地两端安装了 30 000 座的临时看台，水上中心也在游泳池的一侧设计了大型的临时看台区。沙滩排球赛场包括一个规模为 10 000 座的主赛场，

400 座的辅助赛场，以及 5 个热身训练场。场馆选址的邦迪海滩是澳大利亚国内和国际旅游者的首选目的地之一，通过电视转播奥运赛事无疑也会令这里声名鹊起，但是当地居民同时也担心这个大型体育场会影响海滩的环境，由此成为悉尼奥运会最有争议的场馆之一。最终选择的技术策略是在沙滩上完全采用临时结构建造体育场，使用大约 280 根钢管螺旋桩打入沙滩 7 ～ 10m 深形成基础[22]。看台系统采用模数化组装，包括贵宾席上方的屋顶（图 2）。此外，比赛期间还临时利用了沙滩原有的服务用房，以及邦迪公园和学校的操场。临时看台建于 2000 年 5 ～ 7 月，10 ～ 11 月拆除，邦迪海滩完全恢复了奥运会比赛前的样貌。

北京奥运会有 37 个比赛场馆，在北京市范围的 31 个场馆中，有 8 个临时场馆。国家会议中心内的击剑馆完成比赛之后恢复了会议中心的功能，铁人三项、城市公路自行车赛场随赛事结束拆除。奥林匹克森林公园内的曲棍球场、射箭场和朝阳公园的沙滩排球赛场都是大型的临时赛场（图 3）。

伦敦 2012 年奥运会共有 34 个比赛场馆，其中 14 个新建项目中有 8 个临时场馆，永久场馆仅有 6 个。即使是新建永久场馆，也包含了大规模的临时设施。伦敦奥运会的沙滩排球赛场看台有 15 000 座，位于骑兵广场这个伦敦的核心地带，以唐宁街 10 号的首相官邸作为背景。沙滩排球赛场和所有附属建筑在 6 周时间如期完成，同时还保证伦敦忙碌的日常生活不受影响[23]（图 4）。奥林匹克火炬熄灭之后，赛场迅即被拆除，骑兵广场恢复原状。临时座椅大部分用于 2014 年的巴西世界杯和索契冬奥会。奥林匹克公园的水球馆、篮球馆、曲棍球场等也都是临时场馆，采用拆装式钢结构和 PVC 膜等体系建造。

3. 北京奥林匹克公园射箭场

射箭场位于奥林匹克森林公园内，包括三块场地和 14 栋附属建筑。从东到西，分别为 23 个靶位的热身/排位赛场地、淘汰赛和决赛场地。看台座席总数为 5 384 座，其中决赛场地 4 510 座，淘汰赛场地 874 座，该场馆在 2008 年北京奥运会上承担射箭赛事，有 4 枚金牌在这里诞生。

临时场馆的设计是对体育功能和赛事运行的工艺化、技术性应对；同时为观众、媒体、运动员等各参与方提供最佳的体验。射箭决赛场的看台只有 20 排；从视线计算结果，看台台阶升起高度不大，坡度相当平缓。国际射箭联合会（FITA）的技术代表高度关注赛场的围合氛围，希望看台提供尽可能紧密的空间效果。由此，设计提高了看台台阶，既增加了看台的标准化程度，也实现了预期的氛围。

临时场馆的设计建立在成熟的建筑工业化体系、预制部件和可回用产品的基础上。结构主体采用七度抗震设防，而非北京地区永久建筑采用的八度设防；由此，结构主体用钢量减少，基础形式简化，达到经济节约的目的。临时场馆的建材选择既要符合功能使用，

图 2　悉尼 2000 年奥运会沙滩排球赛场

图 3　北京 2008 年奥运会沙滩排球赛场

图 4　伦敦 2012 年奥运会沙滩排球赛场

又要易于拆除并回收利用，不会产生大量的建筑垃圾，从而减少环境压力。围护结构采用彩钢岩棉夹心板材。机电设备系统均采用简易可重复利用的系统，例如分体式空调等。消防系统在确保防火安全的前提下，也进行了简化，钢结构不做防火涂料，不设自动喷淋等系统，而仅采用消火栓和应急广播等措施。

临时场馆的设计使用年限是5年，原计划在2008年奥运会比赛结束之后拆除。到2017年3月，射箭场、曲棍球场拆除，为冬奥会国家速滑馆清空场地。

4. 北京奥林匹克公园曲棍球场

奥运会及残奥会期间，奥林匹克公园曲棍球场分别承担曲棍球比赛和五人制、七人制足球比赛，包括决赛场地、预赛场地、14栋附属建筑、看台和各种辅助停车场、道路等设施。决赛场地位于用地的西面，有12 000个座席；预赛场地位于用地的东部，有5 000个座席。周围临建的14栋附房中，6栋为赛时后院功能用房，8栋为赛时前院观众服务用房。

5. 朝阳公园沙滩排球赛场

沙滩排球赛场位于景色优美的北京朝阳公园的核心区域——原北京市煤气用具厂旧址，紧邻公园的中心湖面。场馆包括一个12 000座席的中心比赛场、2块热身场和6块训练场，利用场区中部现有的三栋单层厂房作为后院的奥林匹克大家庭、运动员、场馆运营和媒体用房。

围绕中心赛场的东、北、南三面集中设置观众前院，包括观众集散广场和服务设施；西、南两面设置赛时后院，包括餐饮、物流、垃圾清运和电视转播综合区等设施。热身场和训练场地与观众前院相邻设置，使观众可以尽可能地接近沙滩场地。

赛后，沙滩排球赛场经过改造，成为公园中户外游泳、沙滩活动、健身娱乐的新景区。位于场地西北侧的北湖与沙滩场地浑然一体，通过延续原有环境的滨水特色，形成碧水蓝天、白沙漫漫的美好景观。

北京2022冬奥会
面向可持续的技术与设计

Beijing 2022 Winter Olympic Games
Sustainable Technology & Design

国家速滑馆（冰丝带）
National Speed Skating Oval（Ice Ribbon）

北京 Beijing
2016—2021

1 自奥林匹克森林公园南园步行桥看国家速滑馆

摄影：杨超英

2 自奥林匹克塔远望中轴速滑馆

3　自奥林匹克塔望国家速滑馆夜景

来源：视觉中国

4　自东北侧俯瞰夜景

5　西南侧夜景

摄影：孙伟

立面照明赛时金牌场景

摄影：张文宇

7 西立面局部

8 东南下沉庭院

西立面局部夜景

摄影：刘兴华

10　观众休息厅，2022 年 2 月 19 日

11　2022 年 2 月 16 日，冬奥会速度滑冰团体追逐赛 1

12　2022 年 2 月 16 日，冬奥会速度滑冰团体追逐赛 2

13　2022 年 2 月 5 日，冬奥会速度滑冰首场比赛，女子 3000m

14　2022年2月11日，团体展示

15　比赛大厅，东看台

比赛大厅，团体追逐赛

膜结构顶视局部

18 北京冬奥会首场速滑比赛，荷兰运动员 Irene Schouten 在女子 3000m 决赛中以 3'56.93 夺冠并创造奥运会纪录，2022.2.5

19 荷兰运动 Irene Schouten 在女子 5000m 决赛中以 6'43.5 夺冠并创造奥运纪录，2022.2.10

20 瑞典运动员 Nils van der Poel 以 12'30.74 获得男子 10 000m 金牌并创造世界纪录，2022.2.11　来源：ISU

21 男子 500m 比赛，2022.2.12　来源：

22 中国运动员高亭宇以 34.32 秒获得男子 500m 金牌并创造奥运会纪录，2022.2.12　来源：ISU

23 中国队在女子团队追逐 1/4 决赛中，2022.2.15　来源：

24 挪威队在男子团体追逐赛中夺冠，2022.2.15　来源：ISU

25 日本运动员 Miho Takagi 在女子 1000m 以 1'13.19 夺冠并创造奥运会纪录，2022.2.17　来源：

OBS 转播 1 来自 Yiannis

OBS 转播 2 来自 Yiannis

OBS 转播 3 来自 Yiannis

29　OBS 转播 4 来自 Yiannis

30 西侧首层观众大楼梯

31 媒体混合区

建造冰丝带

Building Ice Ribbon

2018.4.26 地下结构

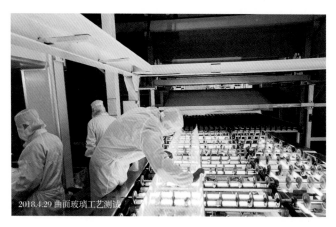
2018.4.29 曲面玻璃工艺测试

2018 钢骨

2018.8.28 施工

2018.8.28 看台施工

2018.8.28 预制看台

2018.8.31 钢结构实验

18.10.3 环桁架加工

2018.10.17 南端大楼梯

8.10.17 预调台合

2018.11.8 环桁架支撑

8.11.21 环桁架西段

8.11.22 承重索

2018.11.22 环桁架就位

2019.2.20 索网张拉

2019.3.24 索网

09.4.30 钢结构

09.7.23 幕墙安装

2019.7.30 屋面安装

2019.9.24 幕墙安装

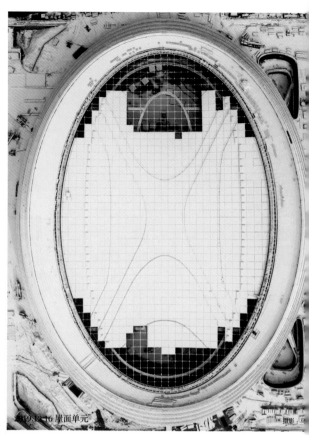

2019.10.22 屋面单元安装　　　　摄影：黄晖

2019.12.16 屋面单元　　　　摄影：

2020.5.26 屋面完成　　　　摄影：

2020.6.25 吊顶膜龙骨　　　　摄影：

0.7.15 比赛大厅全景　　　　　　　　　　摄影：黄晖

0.7.15 室内隔墙　　　　　　　　　　摄影：黄晖

0.9.11 南门雨棚安装

2020.9.12 不锈钢制冰管

2020.9.16 不锈钢制冰管

2020.9.16 环桁架防火隔断

2020.9.16 环桁架塑玉品顶棚安装

2020.9.16 下沉庭院外墙

20.9.30 吊顶膜安装

20.9.30 吊顶膜安装

2020.12.30 场内

2021.6.28 屋面保护涂层

设计图纸
Drawings

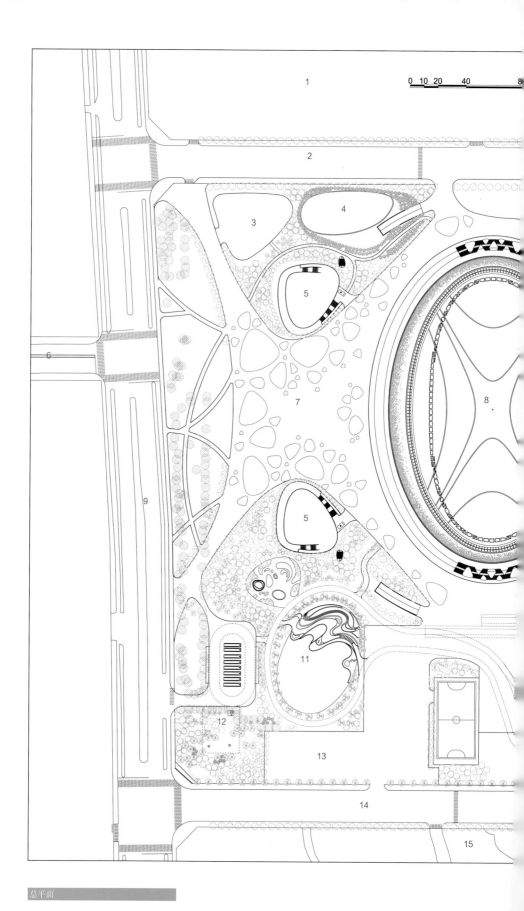

1

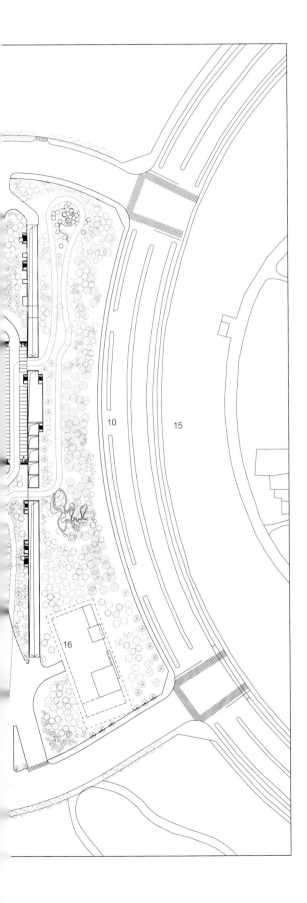

1　国家网球中心
2　速滑馆北路
3　自行车停车场
4　冷却塔
5　下沉庭院
6　域清街
7　观众广场
8　国家速滑馆
9　林萃路
10　奥林西路
11　景观湖
12　兆惠石碑（清）
13　临时停车
14　速滑馆南路
15　奥林匹克森林公园
16　变电站

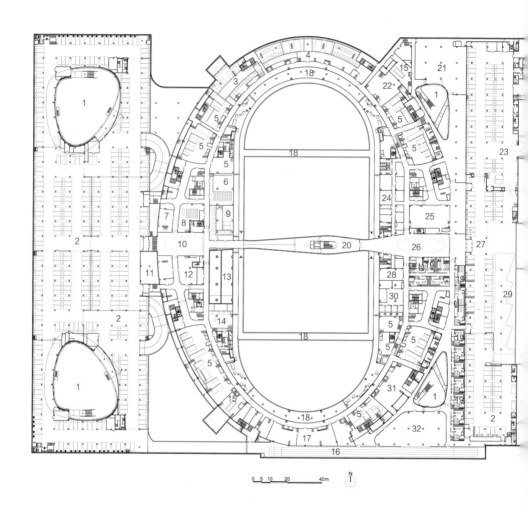

1　下沉庭院	9　热水机房	17　弱电机房	25　新闻发布厅
2　地下车库	10　门厅	18　设备管廊	26　混合区
3　制冷机房	11　分变电室电缆夹层	19　运动员更衣室	27　运动员入口
4　制冰机房	12　志愿者之家	20　运动员通道	28　医疗站
5　空调机房	13　消防水池	21　运行管理	29　大巴临时车位
6　给水机房	14　消防泵房	22　热力站	30　兴奋剂检查站
7　休息区	15　柴发机房	23　地下车库（人防）	31　运动员休息区
8　中水机房	16　110m跑道	24　电信机房	32　力量训练区

地下二层平面

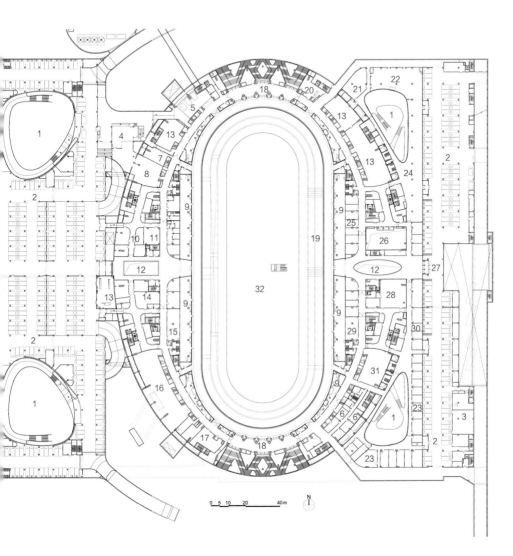

下沉庭院	9 设备管廊	17 消防控制室	25 设备存放区
地下车库	10 网络安全室	18 门厅	26 新闻发布厅上空
者藏室	11 交通指挥室	19 比赛场地	27 媒体入口
哥房	12 中庭	20 通风机房	28 抽签室
水车房	13 分变电室	21 设备存放室	29 成绩复印室
更衣室	14 安保指挥室	22 媒体休息区	30 技术官员办公室
空调机房	15 器械储藏室	23 竞赛管理区	31 官员休息室
餐厅	16 主变电室	24 摄影记者区	32 内场

一层平面

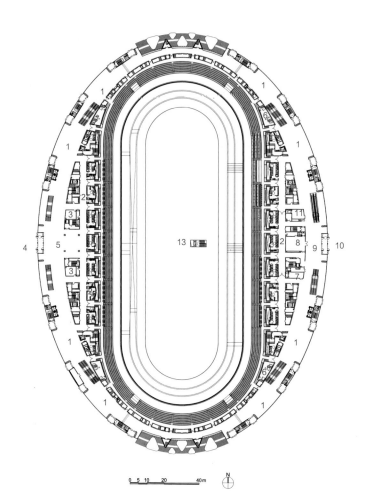
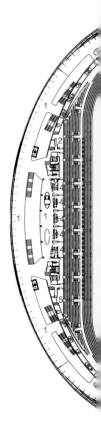

1 观众休息厅	6 设备用房	11 转播信息办公室	16 计时计分
2 内走廊	7 礼宾室	12 安保指挥室	17 显示、扩声控制室
3 医疗站	8 贵宾休息室	13 比赛大厅	18 奥林匹克大家庭休息室
4 观众入口	9 贵宾门厅	14 包厢	19 安保用房
5 观众门厅	10 贵宾入口	15 灯光控制室	20 观众休息厅上空

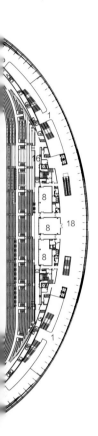

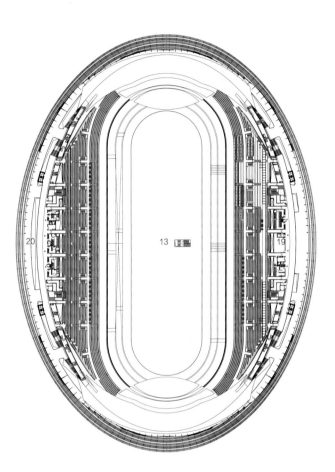

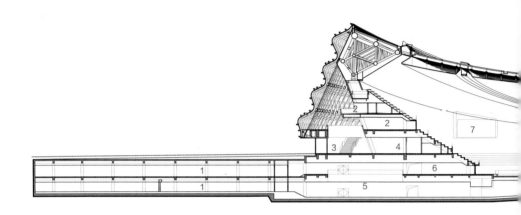

东西向剖面

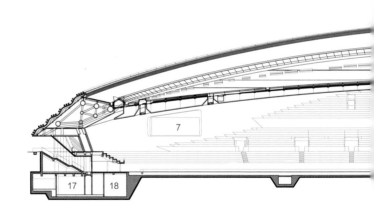

1	地下车库	6	过厅	11	贵宾休息室	16	汽车坡道
2	观众休息厅	7	显示屏	12	贵宾门厅	17	弱电机房
3	观众门厅	8	比赛大厅	13	混合区	18	设备管廊
4	观众服务	9	制冰机房	14	奥林匹克大家庭休息		
5	中庭	10	运动员通道	15	运动员入口		

南北向剖面

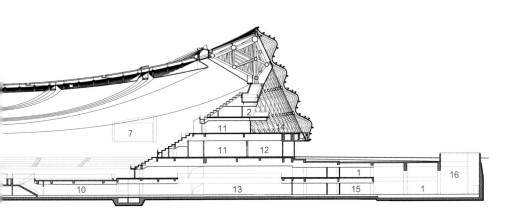

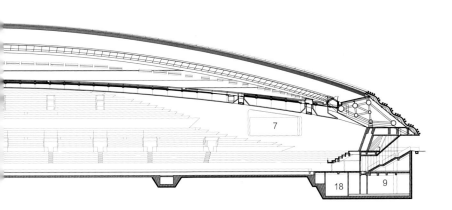

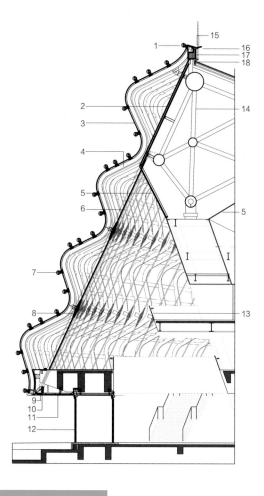

1　钢圆管后装
2　20mm 蜂窝铝板（阳极氧化面层处理，蓝色拉丝金属质感）
3　曲面玻璃幕墙系统
　　1. 8+2.28SGP+8+12Ar+8+2.28SGP+8 双超白双银 low-e 钢化玻璃
　　2. 8+2.28SGP+8+12Ar+8+1.52SGP+8 双超白双银 low-e 钢化玻璃
　　（黑色丁基胶，灰色结构胶）
4　S 形龙骨
5　玻纤膜
6　曲面幕墙钢拉索
7　冰丝带系统
　　1. 6+1.52SGP+6mm 半圆玻璃
　　2. 4mm 厚铝复合板（高亮白色）
8　电动遮阳卷帘
9　可开启铝板
10　铝合金格栅
11　20mm 厚蜂窝铝板吊顶
12　首层主入口门斗
13　玻璃栏板
14　环桁架
15　避雷针
16　89mm 无缝钢管防坠落系统
17　防雨百叶
18　3mm 厚收边铝板（氟碳喷涂）

幕墙剖面

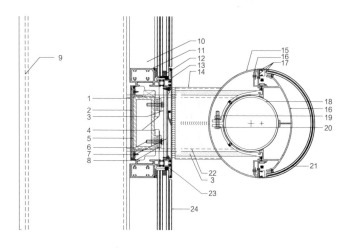

1　3mm 厚穿孔铝板
2　吸音棉
3　10mm 厚保温毯
4　L 形横梁连接件 L=150mm
5　焊接矩形管 170×70×10mm（Q345
6　M10×50 不锈钢螺钉（每个连接件上
7　防水胶皮
8　弯弧位置横梁上下均锁住
9　S 形龙骨
10　铝合金立柱
11　铝合金横梁
12　铝合金玻璃垫片
13　铝合金扣盖
14　3mm 厚铝板
15　4mm 厚铝复合板（高亮白色）
16　铝合金型材
17　灯具示意
18　Ø180×6 圆钢管
19　铝合金转接件
20　M10×50 不锈钢螺栓组
21　6+1.52SGP+6 夹胶弯弧玻璃
22　钢结构牛腿
23　横梁压板 L=100mm @900mm 布置 5
　　玻璃分格，距端 200mm
24　8+2.28SGP+8+12Ar+8+2.28SGP+8 双
　　双银 low-e 双夹胶中空玻璃（弯弧

冰丝带节点

国家速滑馆：　新建场馆的可持续性

国家速滑馆（冰丝带）的设计概念来源于针对冰上场馆的可持续策略，包括 3 个相互关联的系统性目标：

- 建立集约的冰场空间以控制建筑体积，实现节能运行；
- 采用高性能的钢索结构、轻质屋面、幕墙体系以节约用材；
- 使用可再生能源，降低温室气体排放。

这些目标由数字几何建构、超大跨度索网找形与模拟、自由曲面幕墙拟合、金属单元柔性屋面等创新技术支持，实现动感轻盈的建筑效果、轻质高效的结构体系和绿色节能技术的统一，建立面向可持续的冰上场馆设计与技术体系。从数字模型开始，三维信息持续贯穿于设计计算、工艺构造、模拟实验、生产制造、现场安装、健康监测和运行维护等全过程。

1. 设计目标与体积策略

国家体育场（鸟巢）和国家游泳中心（水立方）位于北京城市中轴线两侧，以"天圆地方""火和水"的概念，成为 2008 年奥运会的象征。国家速滑馆以"冰"的概念为主题，是北京 2022 年冬奥会唯一新建的冰上竞赛场馆（图 1），承担速度滑冰项目的比赛和训练，与鸟巢、水立方具有同等重要的使命："作为北京 2022 年冬奥会最重要的遗产之一，在国际奥林匹克运动传承发展、北京城市可持续发展等方面树立典范[7]。"

"冰丝带"的初始设计目标是从冰场开始，建立集约的内部空间和单纯的椭圆形体积。国际滑冰联合会（ISU）标准的速度滑冰场地由总长 400m、两端圆弧的两条人工冰面比赛道和内侧的热身道组成[24]，沿赛道外圈设置技术环道。从赛道的形式出发，速滑馆保持简洁、单纯的椭圆形平面，以便在北京中轴线的北端点，和鸟巢的椭圆形平面、水立方的正方形平面对话。速度滑冰项目又称大道速滑，所以采用至简的建筑形式来反映中国人的世界观——"大道至简"。为此，参考水立方赛时 / 赛后的场景模式，把竞赛文件要求的副厅冰场放在冬奥会赛后实现，从而不影响由椭圆作为出发点形成的单纯体积。因为冬奥会赛时并不需要使用副厅冰场，而赛后移除临时看台形成的空间又应该得到有效的利用，加入可行的运营功能。两相结合，得以大幅缩减赛时建筑规模，节省建设投资。在 2016 年概念设计国际竞赛中，12 个方案对副厅的处理策略各有不同，对建筑体量产生了根本影响（图 2）。

控制冰场比赛大厅的容积，有两个核心目的：对室内来说，冰场的制冷、空调等运营能耗巨大，建立集约的内部空间是节能、节材的根本途径；对外部来说，速滑馆平行于城市中轴线，邻近作为中轴线端点的仰山，必须尽最大可能降低建筑高度，使建筑在仰山西侧呈现谦恭的姿态（图 3）。为此将比赛场地下沉到地下一层，约 3/4 建筑面积位于地下，通过下沉庭院获得自然采光和通风；同时，根据看台最后方的边缘确定比赛大厅屋顶外围

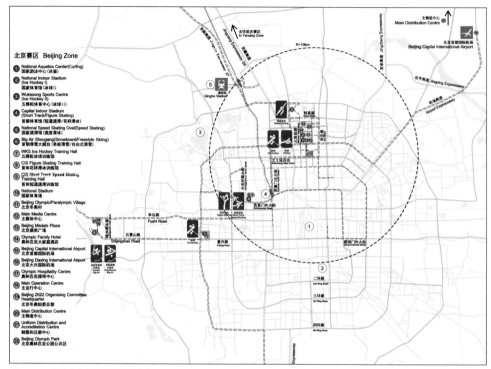

图1　2022年冬奥会北京赛区场馆分布

的高度，而屋顶中部向下凹陷，形成覆盖冰场和看台的双曲面屋顶，使大厅的容积最为紧凑（图4）。除了节能和控制建筑高度的考虑，集约的内部空间也同时节省了幕墙、屋面等外围护结构的面积和规模。

2. 几何体系与轻质结构

　　从冰场开始，由内向外，整个建筑具有严谨的空间逻辑和几何控制体系（图5）。环绕冰场和技术环道，观众看台总容量为 12 000 座。首先根据视线计算规则，综合考虑楼层和纵横走道分布、包厢、无障碍座席等因素，建立围绕冰场的 32 排连续环形看台；然后使用 70° 倾角的碗形曲面切割看台，使碗形内部的座椅符合预期数量。从长轴端点到短轴端点，碗形曲面的厚度为 2 ～ 3m 渐变，以形成倾斜的结构支柱，作为看台、屋顶、幕墙的支撑，并且容纳从地下机房直至屋顶的机电竖井通路（图6）。在碗形曲面和看台之间，各楼层分布有观众卫生间及配套服务设施。

　　碗形曲面包含外倾的看台柱，是结构体系的主要支撑，内外表面均为蓝色，作为室内空间的核心要素。顶部设巨型环桁架，内弦连接单层双向正交索网屋面，外弦连接立面幕墙斜拉索，形成一个如同斜拉桥一样的结构体系（图7）。碗形曲面的顶部轮廓由看台最后排的空间曲线定义，作为环桁架支座的控制点，向上平移形成环桁架的下弦曲线，

图2 国家速滑馆建筑概念方案国际竞赛12个方案

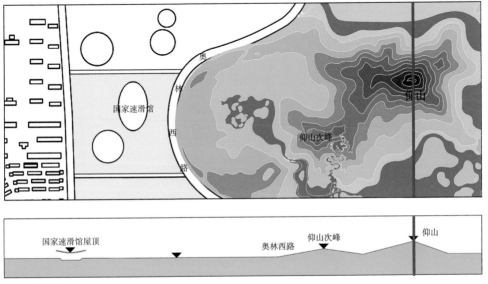

图3 速滑馆和城市中轴线

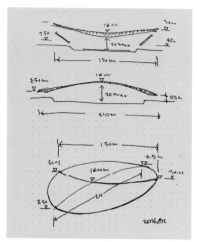

图 4 体积策略

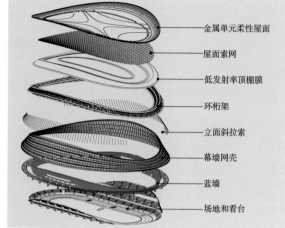

金属单元柔性屋面

屋面索网

低发射率顶棚膜

环桁架

立面斜拉索

幕墙网壳

蓝墙

场地和看台

图 5 几何构成

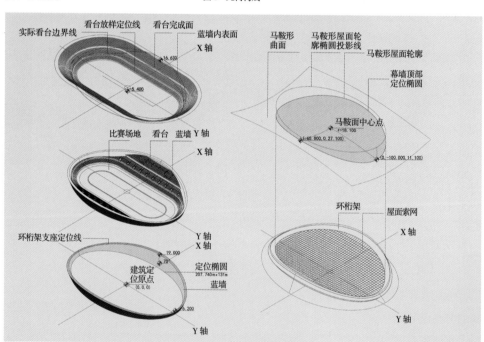

图 6 场地、看台和蓝墙

图 7 结构体系

再由持续的结构找形进程调整环桁架的断面，优化屋面索网的空间边界和屋顶抛物线曲面，使环桁架水平变形最小，构件内力更均匀，建立高效的空间受力形态。

索网的平面投影为椭圆形，长轴 198m、短轴 124m，椭圆边线竖直拉伸面与马鞍面的交线定义了环桁架的内弦曲线。屋面长轴（南北向）为稳定索，拱高 7m，拱跨比约 1/28，共 30 道；短轴（东西向）为承重索，垂度 8.25m，垂跨比约 1/15，共 49 道[25]；网格水平投影间距 4m。屋面索采用高钒封闭索，稳定索为直径 74mm 的平行双索，承重索为直径 64mm 的平行双索。结构索体总长度约 20 400m，总重量约 537t。理论计算完成之后，在实验室中制作了 1/12 的实体模型进行分步张拉模拟实验。环桁架分成 4 段施工，东西两段在现场附近拼装完成，平行滑动到设计位置，与南北两段原位拼装的桁架焊接成环。索网施工时，先在现场地面编织，然后整体提升，使用水箱配重模拟屋面荷载，按设计步骤张拉，达到结构设计稳定的初始状态之后锁定环桁架的支点（图 8）。通过三维数字模型，建筑和结构设计协同找形、分析、模拟和优化，不仅形成轻质高效的张拉体系，也塑造了宏伟、充满动感的内部空间，使空间效果和结构性能相结合。

与索网结构相适应，采用轻型金属单元柔性屋面、膜结构吊顶、玻璃和金属幕墙作为围护结构，在达到热工、采光、节能、消防等目标的前提下，减少材料的消耗。这些轻质结构的设计基于材料的最有效使用，避免资源的过度消耗；这些材料还可以回收实现重复利用，为北京冬奥会碳中和目标做出贡献。

3. 冰丝带曲面幕墙

在自然界中，冰的感觉透明、寒冷而且坚硬；但是在特定的气候条件下，水蒸气会由缝隙的毛细作用而呈现丝带一样的形态（图 9）。建筑设计具有刚柔并济的力量：水成为立方，冰也可以成为丝带。冰和速度结合，立面的设计概念称为"冰丝带"（图 10），呈现动感、轻盈、透明的建筑效果。

选择浅蓝色断面的超白玻璃原片（图 11），根据钢化玻璃波形和吻合度选择 1.52mm 厚度的离子型中间层（SGP）胶片合片。通过对比多种工艺样片，对不同 Low-e 镀层，以及中空合片后玻璃的整体色彩、透明度进行比较，获得最接近冰的质感的无色透明玻璃构成（图 12）。

为使立面的丝带线条内外错落有致，与建筑内部使用楼层的位置配合，采用自由弯曲的玻璃幕墙，其几何曲面由三条控制线放样而成。首先由屋顶外边缘起伏的空间曲线定义幕墙的上边缘控制线，二层平面的椭圆边界作为下边缘控制线。然后在椭圆的长轴和短轴两个端点建立幕墙剖面控制线。经过工厂生产线制做样品测试，评估 1.5m 半径的中空夹胶玻璃在工艺和视觉质量上可以接受。因此，剖面控制线由两组平行线和与之相切的半径为 1.5m 的圆弧连接形成（图 13），沿上、下边缘的几何控制线放样，其中的直段放样为平板单元，弧段

图 8　张拉中的索网

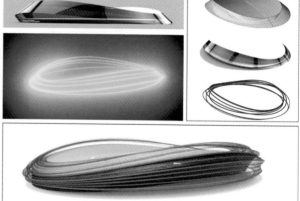

图 9　冰丝带　摄影：Sheri Terris　　　　图 10　立面设计概念草图（2016.8）

图 11　超白玻璃原片（北玻样品）

图 12　中空夹胶（SGP）Low-e 玻璃样品（北玻样品）

放样为曲面单元。考虑生产线上玻璃短边的通常尺度，每个直段和弧段的长度最长不超过 2.4m，最短不小于 0.3m。之后将椭圆平面等分 160 份，形成平曲耦合的幕墙外观控制面（图 14）。其中曲面玻璃单元占幕墙表面的面积约 47%。中空夹胶玻璃由 4 片玻璃组成，从统一的控制面开始偏移，拆分每个板片的生产信息。虽然仅有两个旋转对称的单元尺寸完全相同，但是通过统一采用 1.5m 半径，实现了弯钢玻璃生产工艺的标准化。

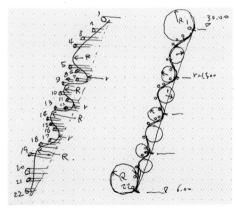

图 13　幕墙剖面控制线

　　基于幕墙的控制面后退 165mm，在室内一侧建立单索支承的纵向 S 形龙骨，通过一种特别设计的梭形拉索调节器作为节点安装（图 15）。室外侧建立 22 条和丝带的位置对应的横向钢管龙骨。纵向 S 龙骨和横向钢管编织成为异面网壳，与幕墙索协同工作，形成冰丝带曲面幕墙的结构体系（图 16）。

　　立面的 22 条圆管由直径 0.35m 的半圆形夹胶玻璃和背后的半圆金属板组合形成，固定在水平龙骨上，起到外遮阳作用，可以降低夏季太阳能辐射约 13%（图 17）。在丝带玻璃半圆管的内部安装反光的金属夹具，并组合线性 LED 立面照明系统。丝带玻璃表面印刷渐变的冰花图案，用以在晚间反射灯光；白天的时候也有一定的体积感（图 18）。

　　幕墙东西立面底部和顶部设有电动开闭的自然通风系统，并沿钢索安装通高的电动卷帘，以在夏季提供有效的内遮阳。从过渡季工况下建筑表面风压分布来看，建筑的迎风面形成正压，顶部形成负压。建筑不仅在不同朝向上存在风压压差，在不同高度上也存在风压压差。因此，在过渡季开窗时可以形成很好的风压通风。对热压作用的模拟显示，室外凉爽空气通过底部的自然通风口进入室内，然后在热浮升力的作用下向上流动，从位于顶部的自然通风出口排出。当室外温度为 22℃ 时，在自然通风的作用下室内温度均低于 24℃，室内环境的热舒适性非常好（图 19）。

　　曲面玻璃集成了小半径弯曲、钢化、彩釉、Low-e 镀层、夹胶、中空等工艺，拓展了幕墙工艺的表现力。经过幕墙现场制作样板，对工艺进行验证和调整之后，三维设计模型交付到玻璃生产线，再到幕墙单元加工厂和施工安装现场，实现了设计信息向生产、建造、运维的全程数字化传递，现场安装和数字模型精确对应（图 20）。

4. 金属单元柔性屋面

　　为适应索网结构的柔性变形，伦敦奥运会自行车馆采用了一种由木箱和直立锁边金属屋面组合的构造系统[26]。国家速滑馆的屋面跨度更大，单层索网结构在竖向向上和向下主

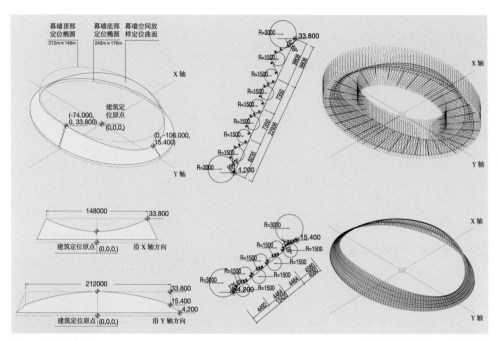

图 14　幕墙几何控制面

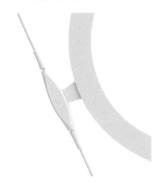

图 15　拉索调节器

图 16　单索支承异面网壳结构

图 17　冰丝带外遮阳模拟

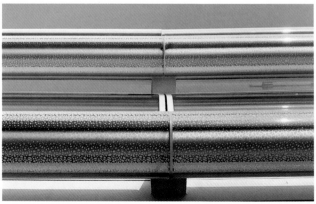

图 18　冰丝带曲面玻璃彩釉印刷的冰花

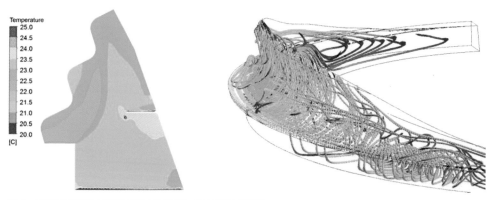

图 19　热压自然通风室内温度分布图（室外温度 22℃）和室内流线图

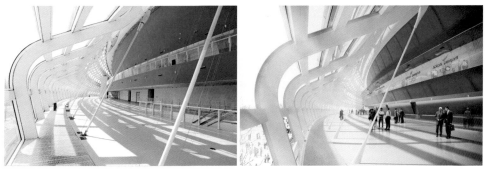

图 20　观众休息厅：照片和数字模型对照

导工况组合时，最大变形为 −474mm 和 475mm[21]。对比伦敦自行车馆的做法，为速滑馆研发了金属单元柔性屋面体系，以适应索网结构的柔性变形（图 21）。

　　按照索的网格，屋面划分为 1112 个单元，其中标准单元 624 个，其他非标准单元带有天沟、消防排烟窗或二者组合（图 22）。单元由檩条、铝板、支座和保温岩棉组成，并且在钢龙骨下增加隔热措施，以防止冷桥和结露。金属单元之间的缝隙用岩棉填充，附加卷材以增强防水性能。对聚氯乙烯（PVC）、热塑性聚烯烃（TPO）和三元乙丙（EPDM）三种高分子防水卷材进行了拉伸和弹性恢复对比实验，三元乙丙卷材延展性、变形恢复能力更强。因此在屋面金属单元的上表面选择三元乙丙卷材覆盖，并在卷材表面附加硅基涂料做保护层。这个体系经过抗风揭、气密性、水密性等试验，以验证可靠性。对现场张拉完成的索网进行激光扫描，根据扫描结果修正屋面的数字模型之后，交付工厂加工金属单元，再到现场安装（图 23）。

　　屋面的雨水径流由 8 道等高线天沟分区，和沿环桁架的环沟一起收集到虹吸系统（图 24）。等高线天沟的走向经过局部调整以避开索夹位置，同时保持沟底标高的起伏仍然符合虹吸雨水斗的启动要求。此外，在南北两侧屋面最低处，设置单独的溢流系统。

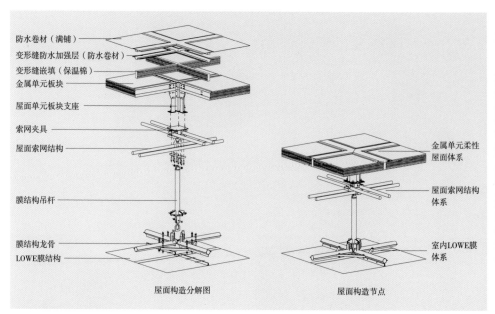

防水卷材（满铺）
变形缝防水加强层（防水卷材）
变形缝嵌填（保温棉）
金属单元板块
屋面单元板块支座
索网夹具
屋面索网结构
膜结构吊杆
膜结构龙骨
LOWE膜结构

金属单元柔性屋面体系
屋面索网结构体系
室内LOWE膜体系

屋面构造分解图   屋面构造节点

图21 金属单元柔性屋面

考虑索网柔性变形，屋面的机电管线自外环马道向内做放射形分布，并在连接处设柔性接头。

　　沿屋面外围，临近环桁架设有一圈自然采光和排烟兼用的玻璃天窗，在日常维护大厅时提供充足的自然光，不需要开启体育照明以节省能源（图25）。天窗下的遮阳经过全年日照模拟，确保阳光不会直射冰面。屋面天窗外围，环桁架上方设有和屋面一体化的太阳能光伏系统，装机容量300kWp，年发电量预测为42万度。屋面内表面，索网下方的低发射率膜结构吊顶（图26），能够降低屋顶和冰面之间的辐射换热约70%。在膜结构吊顶上开设3道平行的椭圆形槽，用以容纳天窗、马道和LED体育照明。体育照明开启的时候，密集的点阵布满椭圆曲线，如同银河一般，增强了双曲面屋顶的动感（图27）。

5. 最快的冰：冬奥会技术解决方案

　　"最快的冰"，是一套完整的冬奥会技术解决方案，包括：

- 精确的冰面温度 –10.5℃
- 冰层厚度 25mm
- 使用 RO-DI 系统进行水处理
- 高质量的混凝土冰板，平整度误差 <5mm
- 冰面上方 1.5m 处温度 16.5℃，相对湿度 16%

图 22　屋面金属单元

图 23　安装屋面标准单元

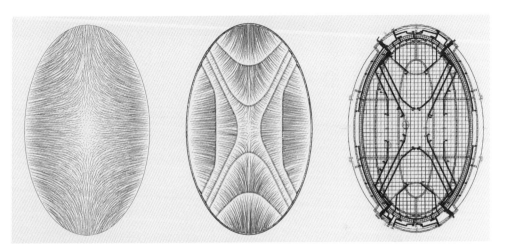

图 24　屋面雨水径流、等高线天沟和虹吸排水系统

图 25　自天窗进入大厅的自然光

图26　全冰面场地和低发射率顶棚

图27　2022年2月15日，冬奥会速度滑冰团队追逐比赛

图28　自奥林匹克塔看国家速滑馆

图29　自奥林西路步行桥望速滑馆

- 场地风速 <0.2m/s
- 顶棚发射率 <0.3
- 采用分区空调和分层空调
- LED 体育照明
- 使用 3 台大功率的电动冰车

国家速滑馆的内场可以全部制冰覆盖，和速滑赛道一起形成约 11 500m² 的"全冰面"。在冬奥会标准的 400m 速度滑冰场地内部，另设有 300m 训练道、两块标准的冰球场、中心的连接场地，共计 5 个制冰单元。每个单元对冰面进行单独控制，以适应不同冰上项目的需要，并为赛后公众滑冰和演出、多功能活动提供了富有想象力的空间。

人工冰场制冷系统常用的氢氟烃（HFC）类制冷剂，如 R507A 的臭氧消耗潜能（ODP）值为 0，但全球变暖潜能值（GWP）高达 3985[27]，受到越来越严格的使用限制。二氧化碳作为一种天然工质制冷剂，近年来开始用于人工冰场制冰。国家速滑馆是世界上第一个采用二氧化碳跨临界直冷系统的大道速滑馆，由此降低制冷剂潜在的环境影响，同时提高冰场温度的均匀性和热回收效率。

通过数字建构几何控制系统，国家速滑馆在动感轻盈的建筑效果之下，建立集约紧凑的建筑空间，实现高效的轻质结构、立面工程和绿色节能技术的统一，形成了面向可持续的完整技术体系，使建筑学和工程学融为一体（图 28、图 29）。

国家游泳中心冰壶赛场(冰立方)
National Aquatics Center(Ice Cube)

北京 Beijing
2017—2021

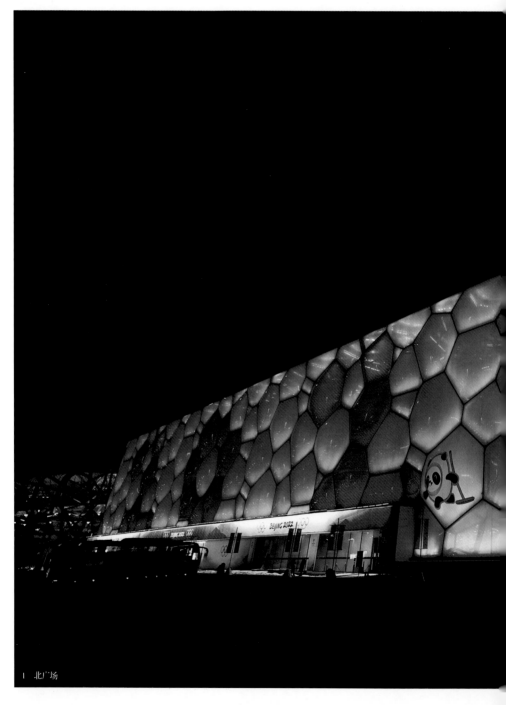

| 北广场

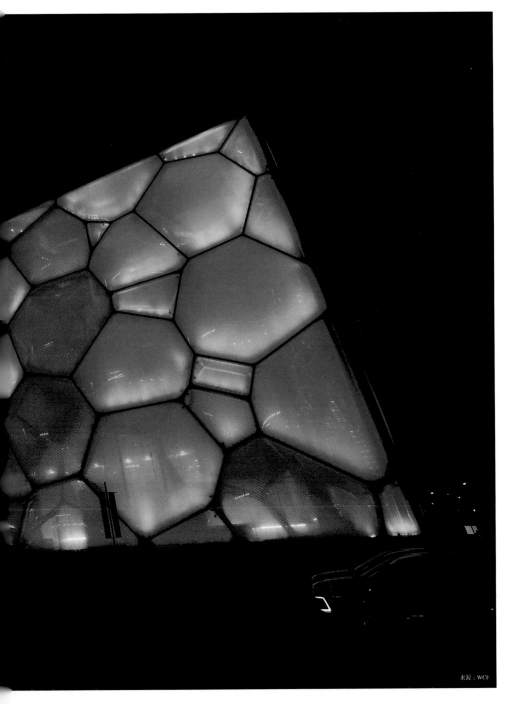

来源：WCF

3 媒体入口

4 北立面　　来源：新华社

5 北立面

6 北广场夜景

颁奖广场和火炬

8 北京冬奥会首场比赛，冰壶混双循环赛1，2022.2.2

9　北京冬奥会训场比赛—冰壶混双循环赛2，2022.2.2

10 北京冬奥会女子冰壶循环赛

11 西看台评论员席

12 北看台

冰壶线路实时跟踪大屏幕和摄影平台

体育展示   摄影：

双奥场馆：赛时景观和2008年奥运会形

16 冬奥会冰壶比赛

来源：WCF

17 冬奥会赞助商接待（闭环外）

18 南北连接桥　　　　　　　　　　　　　　　　　　　　　摄影

19 新闻发布厅

冬奥会赛时南商业街

21 "冰立方"冰上运动中心 1

22 "冰立方"冰上运动中心入口 2

"冰立方"冰上运动中心 3

设计图纸
Drawings

1

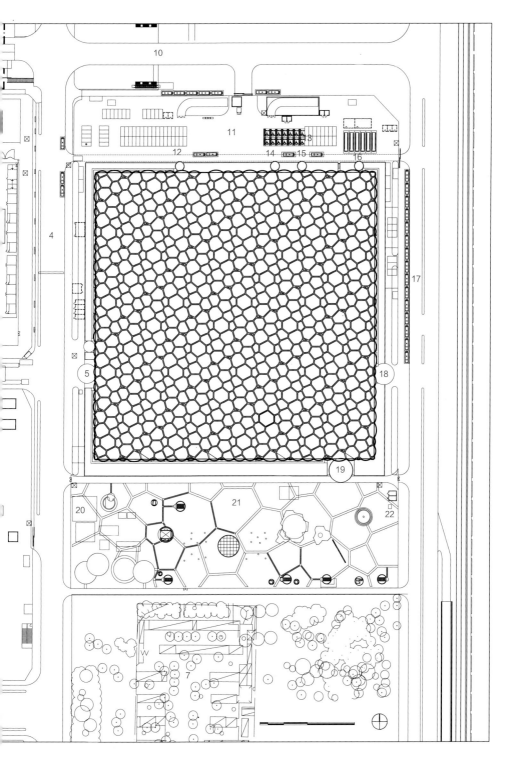

辰西路	7 北顶娘娘庙	13 奥林匹克大家庭停车	19 观众入口
播综合区	8 物流综合区	14 安保入口	20 安保用房
力综合区	9 清废综合区	15 奥林匹克大家庭入口	21 南广场
辰西路	10 慧忠路	16 运动员入口	22 安检验票
馆运行入口	11 北广场	17 天辰东路	
饮综合区	12 媒体入口	18 赞助商入口	

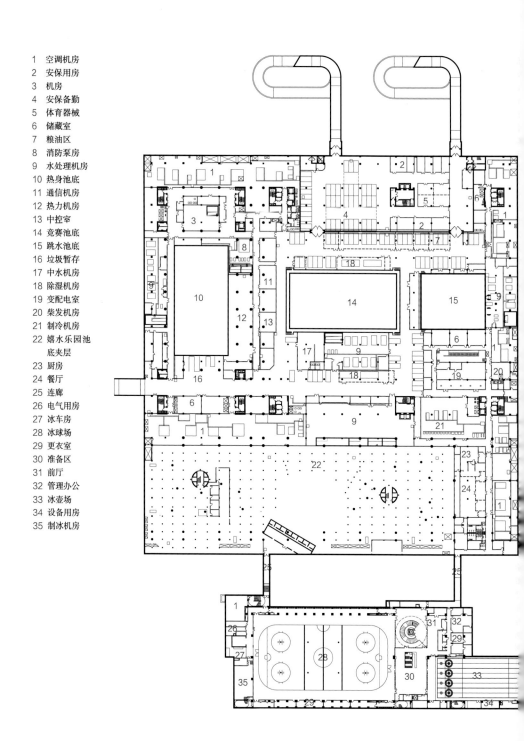

1 空调机房
2 安保用房
3 机房
4 安保备勤
5 体育器械
6 储藏室
7 粮油区
8 消防泵房
9 水处理机房
10 热身池底
11 通信机房
12 热力机房
13 中控室
14 竞赛池底
15 跳水池底
16 垃圾暂存
17 中水机房
18 除湿机房
19 变配电室
20 柴发机房
21 制冷机房
22 嬉水乐园池
   底夹层
23 厨房
24 餐厅
25 连廊
26 电气用房
27 冰车房
28 冰球场
29 更衣室
30 准备区
31 前厅
32 管理办公
33 冰壶场
34 设备用房
35 制冰机房

地下二层平面

储藏室
媒体工作区
记者工作区（热身池垫平）
评论控制室
混合采访区
休息区
防疫用房
理疗室
轮椅修复区
兴奋剂检查站
备餐区
运动员休息室
体育用房
志愿者之家
运动员热身
设备用房
集装箱装配式更衣间
保洁室
消防控制室
场馆数据中心
通信设备机房
更衣室
临时看台
冰壶场地
综合办公区
场馆运行区
计时和统计
竞赛管理区
广声控制室
制冰师工作间
计时记分设备储存
技术中心
体育器材室
体育展示室
礼仪室
刮冰助理室
工作人员休息就餐区
技术官员办公室
备餐区
喜水乐园（赛时关闭）
连廊
变配电室
空调机房
水球场上空
水壶场上空
平台
管理办公室
冬奥展厅

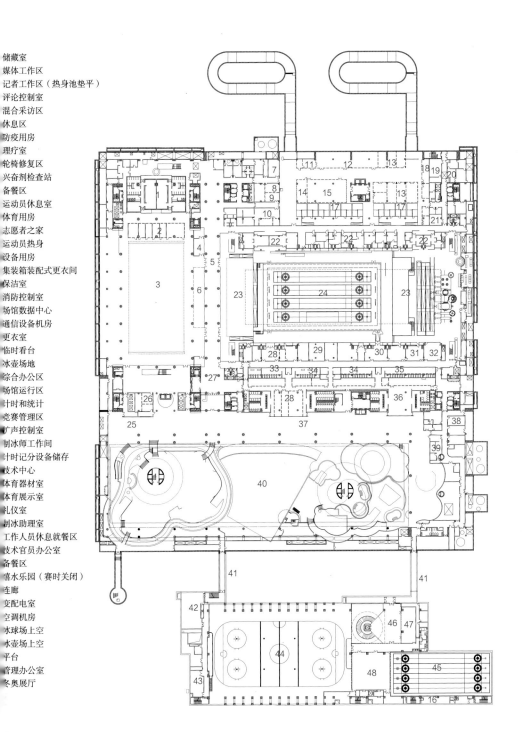

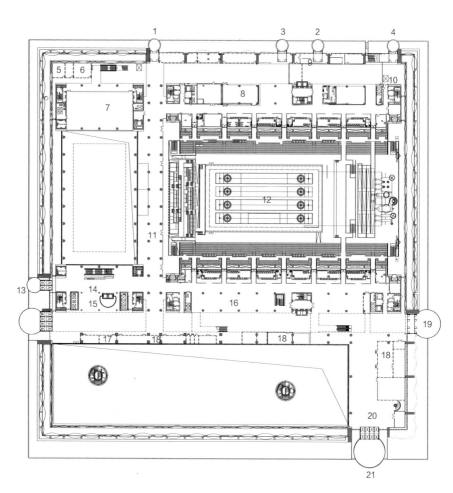

1 媒体入口	7 运行指挥区	13 场馆运行入口	19 赛场接待入口
2 奥林匹克大家庭入口	8 安保用房	14 场馆运行门厅	20 观众门厅
3 安保入口	9 贵宾医疗室	15 防疫物资	21 观众入口
4 运动员入口	10 运动员门厅	16 休息厅	
5 综合医疗区	11 连接桥	17 综合办公室	
6 突发处置区	12 比赛大厅	18 观众服务	

比例尺 / SCALE

N

首层平面

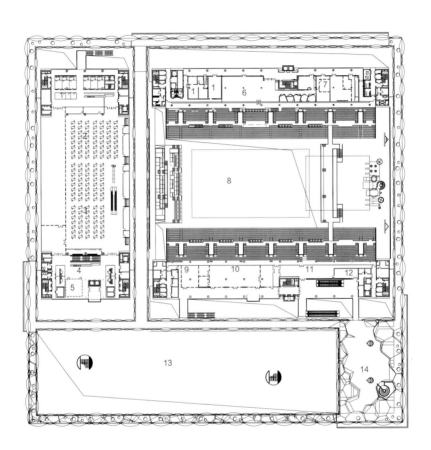

1 备餐区	6 奥林匹克大家庭休息区	11 场馆运行办公室
2 运动员就餐区	7 WCF 主席和秘书长办公	12 会议室
3 工作人员就餐区	8 比赛大厅上空	13 嬉水乐园上空
4 休息区	9 安保用房	14 赞助商休息区
5 储藏室	10 综合办公室	

二层平面

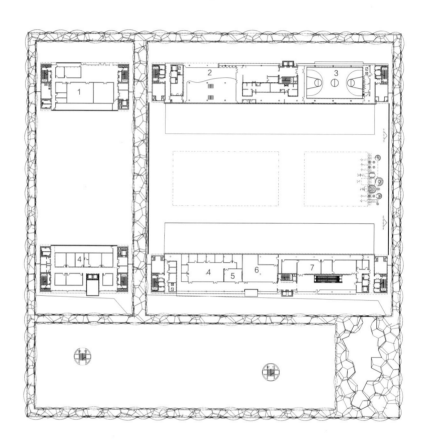

1　管理办公区
2　亲子游泳俱乐部（赛时关闭）
3　场馆管理办公区
4　场馆运行办公区
5　会议室
6　特许商品储藏区
7　场馆技术中心

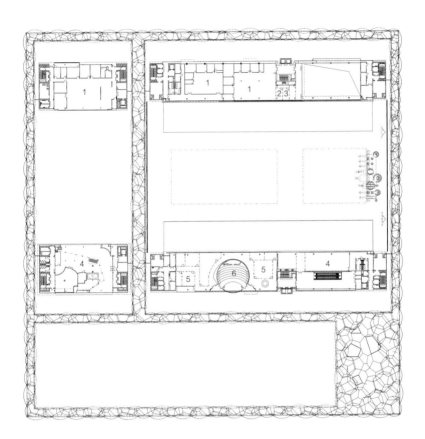

1 管理办公区
2 安保观察室
3 消防观察室
4 场馆运行区
5 安保用房
6 会议室

四层平面

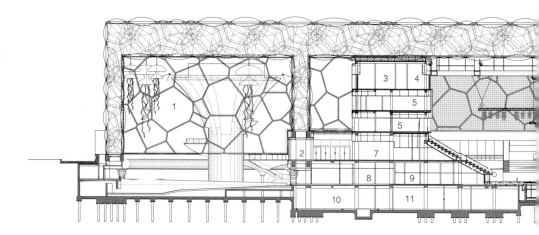

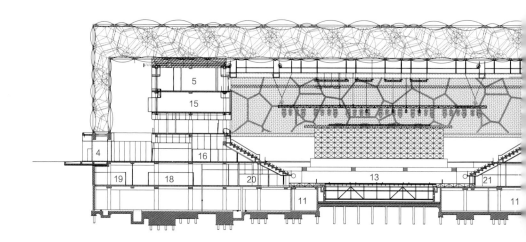

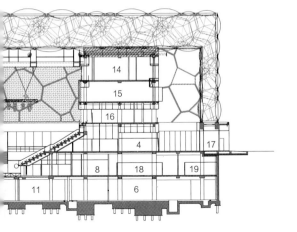

1　嬉水乐园
2　观众服务
3　场馆运行办公
4　安保用房
5　综合办公室
6　库房
7　观众集散区
8　更衣间
9　技术代表办公区
10　水处理机房
11　除湿机房
12　显示屏
13　比赛大厅
14　管理办公
15　亲子游泳俱乐部（赛时关闭）
16　奥林匹克大家庭休息室
17　奥林匹克大家庭入口
18　热身区
19　运动员休息室
20　永久更衣室
21　控制室

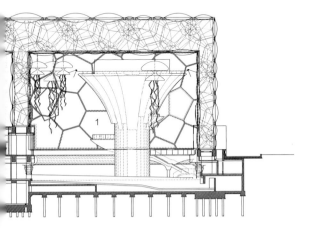

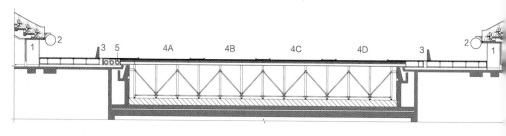

1　原有格栅墙面　　2　布袋风管　　3　冰壶边界围挡　　4　冰壶赛道　　5　制冰管沟

比赛场地剖面详图

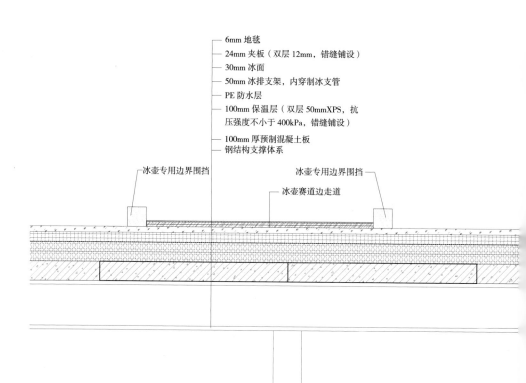

— 6mm 地毯
— 24mm 夹板（双层 12mm，错缝铺设）
— 30mm 冰面
— 50mm 冰排支架，内穿制冰支管
— PE 防水层
— 100mm 保温层（双层 50mmXPS，抗
　压强度不小于 400kPa，错缝铺设）
— 100mm 厚预制混凝土板
— 钢结构支撑体系

冰壶专用边界围挡

冰壶专用边界围挡

冰壶赛道边走道

冰面构造详图

国家游泳中心： 改造场馆的可持续性

随着奥运会基础设施的建设成本越来越高，可持续性成为当代奥运会的支柱之一。国际奥委会（IOC）《奥林匹克2020议程》鼓励最大限度地利用城市现有场馆、临时场馆和可拆卸的场馆来举办奥运会，只在有明确的赛后需求，且该需求得到财务上可行的遗产计划证实的情况下，才可新建永久性场馆[1]。自"2024申办流程"实施，国际奥委会不再规定奥运会场馆观众席的最低要求；相反，场馆观众座席数必须考虑所在城市的需求和情况。这些新的举措为城市既有建筑改造和奥运场馆提供了充满想象力的机遇。既有场馆改造为冬奥竞赛、训练场馆，是体育建筑运营可持续的示范；对场馆本身来说，面临功能空间、绿色节能和智慧提升等关键技术的系统性挑战。

1. 近几届冬奥会改造场馆概况

从近几届冬奥会的场馆看，2014年索契冬奥会海滨和山地场馆群几乎全部为新建，从而成为史上最为昂贵的冬奥会[28]。2018年平昌、2010年温哥华和2006年都灵奥运会都利用了相当数量的改扩建竞赛和训练场馆。到2022年北京冬奥会，对既有场馆的改造利用已经成为冬奥会的核心策略（表1）。

近几届冬奥会改扩建竞赛和训练场馆概况　　　　　　表1

		2006年都灵	2010年温哥华	2014年索契	2018年平昌	2022年北京
竞赛和训练场馆总数/个		15	15	12	12	15
其中	新建/个	7	6	11	9	7
	改扩建/个	8	9	1	3	8

数据来源：

1. TOROC，Final Report，XX Olympic Winter Games Torino 2006
2. Matthew Leixner，2010 Vancouver Winter Olympic Games-A Case Study on the Integration of Legacy with Urban Planning and Renewal Initiatives Relative to Planning，University of Windsor，2018.7.5
3. Sochi Organizing Committee，Sochi 2014 Official Report
4. https://en.wikipedia.org/wiki/2018_Winter_Olympics#Venues
5. beijing2022.cn

2006年都灵冬奥会使用的帕拉维拉体育馆（Torino Palavela，图1、图2）原先是为意大利1961年世博会建造的，2003—2004年为冬奥会花滑和短道速滑进行改扩建，增加了新的看台。奈尔维1948年设计的都灵展览厅（Torino Esposizioni）中搭建了一个临时的4 320座的冰球赛场，赛后又恢复成展厅（图3、图4）。

温哥华在申办2010年冬奥会的时候，国际奥委会高度评价了既有竞赛和训练设施的数量和质量，把这些设施的使用作为申办优势。申办提议的竞赛场馆中，仅有6个需要新建，

图 1　米兰帕拉维拉体育馆

图 2　米兰帕拉维拉体育馆，2006 年都灵冬奥会期间

图 3　米兰都灵展览厅

图 4　都灵展览厅，2006 年都灵冬奥会期间

图 5　加拿大冰球广场

图 6　2018 年平昌冬奥会江陵冰壶中心

图 7　国家游泳中心

图 8　首都体育馆

图 9　国家体育馆

图 10　五棵松体育馆

其他场馆均为温哥华和惠斯勒已有的场馆，包括短道速滑、花滑比赛使用的太平洋竞技场和冰球比赛的加拿大冰球广场（图 5）。

2018 年平昌冬奥会江陵冰壶中心始建于 1998 年，原为冰球运动中心，曾举办亚冬会冰球赛事和女子冰壶世锦赛。2015 年，按照世界冰壶联合会的技术需求进行了除湿、空调、体育照明等系统的改造升级工作，并成功举办了冬奥会冰壶和冬残奥会轮椅冰壶比赛（图 6）。雪上场馆中，龙坪高山滑雪中心（Yongpyong Alpine Centre）和阿尔卑西亚越野和冬季两项中心（Alpensia Cross-Country and Biathlon Centre）均为原有场馆，曾举办 1999 年亚冬会及 2013 年冬季特奥会等比赛。

北京 2022 年冬奥会计划使用竞赛和非竞赛场馆 39 个（其中竞赛和训练场馆 15 个）。北京赛区的 9 个竞赛和训练场馆中，利用 2008 年的遗产场馆 6 个[29]，新建冰上竞赛场馆仅有国家速滑馆唯一一个。改造场馆中，国家游泳中心承办冰壶、轮椅冰壶比赛（图 7）；首都体育馆承办短道速滑、花滑比赛（图 8）；国家体育馆（图 9）、五棵松体育中心（图 10）承办冰球比赛。张家口赛区的 8 个竞赛和非竞赛场馆充分利用崇礼现有滑雪场的各项资源，结合云顶滑雪场的发展需求进行改造。这些既有场馆改造利用的例子，彰显了北京冬奥会可持续的核心理念。国际奥委会副主席小萨马兰奇在 2018 年 9 月访问水立方时，认为"北京正在筹办一届充满智慧的冬奥会"[30]。

2. 冰上场馆功能改造的关键策略

对北京冬奥会冰上场馆来说，从奥运场馆改造为冬奥场馆，需要建立功能空间、体育场地、室内环境、智慧运行等系统性的核心要素关联和转换策略，涵盖建筑设计、结构、设备、能源、智能化和工程建造、临时设施等关键领域，服务赛时、赛后多种使用人群。这是一个跨专业、系统性的技术研发和应用过程，目标是建立面向冬奥会赛时和长远可持续的智慧运行场景。

每个体育场馆在运行中都不是单一固定的功能，而是服务体育比赛、训练、集会、展览等不同类型的活动。主要的运行状态形成核心场景，这些场景的相互转换是一个普遍性课题。有一些相对简单，但对冬奥会来说，则需要高度复杂、精密的技术体系支撑。

1）比赛冰场

各冰上项目对冰面的技术要求如冰温、硬度、平滑度等各异，满足国际单项体育协会规则的冰场是保证冬奥会比赛的核心课题（表2）。

冰上项目对冰面的技术要求 表2

项目	短道速滑	花样滑冰	冰球	大道速滑	冰壶
国际单项协会	ISU	ISU	IIHF	ISU	WCF
冰层厚度	25～35mm	50mm	25～30mm	25mm	洒点
冰温	−6.5～−7℃***	−3～−3.5℃***	−5～−7℃	−6～−10.5℃**	−4～−7℃*

* 制冰系统的能力至少要能允许一天浇冰和冻结5次，并在任何可能的热负荷情况下使冰面温度保持在−8.5℃。（世界冰壶联合会，奥运会和联合会赛事冰壶场地及场馆要求，2014.9）

** 马克·彼得·梅瑟（Mark Peter Messer），国际滑冰联盟制冰师，2017

*** 阿特·苏瑟兰（Art Sutherland），2022场馆制冰系统报告（Report about 2022 venues）

影响冰面质量的因素非常复杂，需要综合考虑冰场构造、浇冰用水的水质、空气温湿度的变化、制冷管的设计、观众数量等各种因素，经常依靠制冰师/工程师的经验感性判断。而改扩建场馆需要在既有环境中整合这些复杂系统，面临尤为艰巨的挑战。总体上来说，冰面的温度应该尽可能均匀一致，反应迅速，易于调节。同时，比赛大厅的温度和湿度要得到有效控制。以冰球为例，因为每天可能有3场比赛，保持均匀的冰面温度（2℉以内）需要系统提供更大的载冷剂流量。

有一些关于场地的问题可以通过协商解决。温哥华冬奥会冰球比赛在加拿大冰球广场（Canada Hockey Place，冰球模式下18 800座，建于1995年）举行。这是冬奥会第一次在比较窄的"国家冰球联盟"（NHL）标准的冰场（61m×26m）上进行（图11），而不是国际冰球联合会标准（IIHF）的冰场（61m×30m）。据温哥华太阳报报道，此举节省了近1千万加元的建设成本，并且能够容纳更多观众[31]。

在冬奥会历史上，冰壶比赛一直都是在混凝土结构基层上铺设冰场举办的，因此世界冰壶联合会（WCF）在冬奥会场馆需求中提出，"WCF倾向于采用混凝土制冷地板[32]"。平昌冬奥会的江陵冰壶中心改造工程在原有地板上安装了保温材料，重新埋设制冷管并浇筑混凝土形成冰场（图12）。场馆设有3台制冰机组，总制冷量817kW。场馆外部增加了6台大型转轮除湿设备。场地四周设有8个空调机房，通过墙面顶部的24个风管送风。为避免对比赛场地冰面区域造成空气扰动，所有空调风管集中在比赛大厅上部空间，并在顶部加设了22个可改变方向的空气导流风扇。经过改造的除湿系统、空调系统、导流风扇综合调控室内环境温湿度。

对国家游泳中心（水立方）来说，为了保留2008年夏季奥运会游泳、跳水、花样游泳的遗产，最佳选择是使用可转换的结构来搭建冰壶赛场。

图 11 加拿大冰球广场室内　　　　　　　　图 12 2018 年平昌冬奥会江陵冰壶中心室内

在泳池上搭建用于冬奥会的冰场，需要解决两个关键问题：高精度、快速安装的预制基层和精密的移动制冰系统。冰壶场地包括 4 条赛道，每条长 45.72m，宽 5m。制冰的范围在赛道端线各增加 3m，两侧各增加 1m。此外，冰壶库、冰车都需要存放在冰面上；制冰系统和水处理系统采用模块化的设备，在场地附近安装。在北京冬奥会之前，冰场和泳池冬季和夏季相互转换的场地，仅见于日本相模原银河体育馆一个孤例。银河体育馆采用脚手架结构支撑木夹板作为场地基层，使用临时敷设的塑料管道制冰，用于社区娱乐，无法承担高级别的比赛。

在世界冰壶联合会的支持下，水立方研究了几种可以在游泳池和冰场之间进行转换的体系，并于 2017 年 4 月在游泳池中搭建了两条实验用冰壶赛道（图 13）。世界冰壶联合会的制冰师和技术官员监督了实验的进程。经过测试，选择了其中一个测试方案。这个体系和传统的冰壶场地具有同等的稳定性和平整度，能够形成高质量的冰：使用便于拆装的钢框架填充泳池；在钢框架上铺设 1m 见方的正方形混凝土预制板；然后在混凝土预制板上使用可以拆装的制冰系统。这是冬奥会历史上第一次采用冬夏场景转换的场地进行冰壶比赛。比赛大厅在夏季场景下是泳池模式，用于游泳、跳水、花样游泳比赛，及艺术装置体验和公众日常参观；在大型活动或演出等使用时，用临时脚手架和面板系统部分或者全部填充泳池。冬季场景下是冰场模式，可以进行冰壶、冰球、短道速滑和花滑等项目的比赛和训练。

冬奥会短道速滑和花样滑冰比赛传统上在同一个场地举办。两者冰面技术要求不同，花滑的冰面温度是 –3 ～ –3.5℃，短道速滑的冰面温度是 –6.5 ～ –7℃。理想情况是通过精确控制在 2 小时内实现场地快速转换。这就需要制冰系统具有足够的线性调节能力。国际滑联的制冰师希望制冰系统能够提供 –20℃ 的载冷剂，以便在花滑比赛之后，迅速调整到短道模式。对于现有场馆来说，需要对制冰系统及其控制进行更新，为两项比赛提供保障。

北京冬奥会的冰上场馆既采用永久性的冰场和制冰系统，例如五棵松体育馆（图 14）和首都体育馆；也采用可拆装的临时冰场，例如水立方。这些体系的测试和实施为冬奥会

图13　在游泳池中搭建冰壶场地的结构实验　　　　图14　五棵松体育馆冰球比赛

冰上竞赛场地提供了多种可能性，也为大型场馆冬夏可转换的体育功能提供了示范。

2）可调节的室内环境

比赛大厅的运行目标是为运动员、观众分别提供舒适的室内热湿环境、气流分布、光环境和声环境，兼顾大型活动的使用需求。国家游泳中心的冬夏场景泳池／冰场环境的不同需求是最复杂的挑战之一。在泳池环境下需要抑制水的蒸发，控制建筑内表面结露；在冰场环境需要控制冰面结霜和冰的不均匀升华。

（1）热湿环境

泳池模式和冰场模式的设计参数如表3。

泳池模式和冰场模式设计参数　　　　　　　　表3

区域	夏季（泳池）[33]		冬季（冰场）[34]	
	温度	相对湿度	温度	露点温度
比赛场地区	28℃（池岸）#	60%±10%	1.5m高度处：10±2℃	-4℃
观众区（赛时）	26℃	<60%*	18～23℃	无需严格控制

* 泳池环境在夏季室内相对湿度由空调机组冷冻除湿功能保证。

比赛时泳池水温按26℃设计；冰面温度-4～-7℃。

另外，夏季泳池区、冬季冰场区风速要求均在0.2m/s以下。

科研、设计和运行团队对冰场模式下，比赛场地区置换送风和固定看台前沿布袋风管送风两种方案进行了详尽模拟和比赛实况测试后，采取了布袋送风的方式，以最大限度地降低对冰面的影响。地下二层局部经改造增加了除湿机房。

为降低除湿负荷，减少不稳定气流对冰面质量的影响，对比赛大厅围护结构的气密性进行了系统的改进。冬季场景下，临时封闭ETFE幕墙和比赛大厅的自然通风口；检查和密封ETFE屋顶预留的吊点开口，提升幕墙本身的气密性；为比赛大厅的门增设透明的帘幕，比赛大厅防火门赛时均保持关闭状态。

（2）光环境

水立方采用的 ETFE 气枕幕墙为游泳运动创造了明亮愉悦的自然光环境。为避免自然光直射冰面，在比赛大厅屋顶空腔的下层气枕表面覆盖了不透光的 PVC 膜，冰上比赛在遮黑模式下进行。

比赛大厅的电视转播照明全部更换为 LED 灯具，以降低对冰面的热辐射。照明模式涵盖冬季冰壶，夏季游泳、跳水，体育展示和大型活动等不同需求。

（3）声环境

因为比赛大厅容积大，夏季泳池水面、池岸瓷砖等都是强反射表面，空间可覆盖声学板的面积有限，在游泳比赛时，观众满场模式下的混响时间为 2.5s。

冰壶比赛的运动员通过自然声呼喊队友、交流战术。因此需要尽可能缩短比赛大厅的混响时间，保证自然声语言清晰度。冰面同样是高反射表面，因此在看台下的侧墙增加永久吸声材料，在临时看台表面、面向大厅的室内玻璃隔断等部分增设临时吸声板、地面铺设地毯等方法增加吸声量，同时在东侧临时看台后增设赛事景观以缩减大厅容积，冬季冰壶比赛模式下的混响时间为 2.0s。

3）训练馆和场馆配套空间改造

改造场馆的功能空间以日常运营的需要作为基本出发点。通常来说，除了各类更衣室、卫生间、厨房、技术用房（设备机房）等作为永久性的竞赛辅助功能空间，其他空间均为通用型办公空间。赛时运行设计的目标，主要针对赛时流线、注册分区和这些通用空间的规划。例如水立方的游泳热身池大厅，在冬奥会时转变为场馆媒体中心，包括媒体工作区和休息区。地下一层比赛场地周围，包括永久性的运动员更衣室和技术、竞赛管理用房。冬奥会冰壶比赛需要 22 间更衣室，改造期间增加了临近池岸的永久更衣室，再通过邻近车库中布置的集装箱临时更衣室补足所需数量。运动员医疗站、兴奋剂检查站都是永久设施，其他运动员休息室、热身区都在车库临时设置。

因为冬奥会对建筑使用空间的需求非常庞大，需要尽可能利用场馆已有的空间，包括车库、既有办公、商业运行空间等，仍然不足时再考虑室外的帐篷、集装箱等临时建筑。场馆改造的基本目标是为赛后运营提供恰当的通用空间，而避免对永久设施进行大规模的扩建。

改扩建场馆内就近设置训练冰场，能够为运动员的训练提供便利。训练冰场规模通常在 1 800m² 左右，空间高大方正。相对比赛大厅而言，空调、照明等运行负荷较小，是理想的用于中等规模活动的多功能厅。日常运营时，通常是各个场馆最为繁忙的空间。北京冬奥会各改造场馆均扩建了多功能训练场，包括五棵松冰球训练馆、水立方南广场地下冰场、国家体育馆改扩建等。这些场地不仅赛时可供运动员训练，也可为公众体验冰上项目提供场地，为赛后运营创造了良好的机遇。

4）运行设计和临时设施

奥运会使用赛时临时设施作为场馆准备就绪的关键策略。赛时临时设施由运行设计规定，主要包括：临时看台和基础，临时楼梯、扶手、坡道和平台，篷房、活动房和集装箱，临时卫生间，临时的给排水、废弃物处理设备，临时电、UPS，临时空调，临时的前院和后院铺装、地面覆盖，用于临时电缆、摄像机平台、摄影位、步行桥的脚手架结构，栅栏、围栏，临时的大屏幕、记分牌、音响系统，评论席、媒体工作台，标识、指路牌，家具、装置和器械。

通常赛时临时设施由组委会出资，并不归类于场馆改造工程的范畴。但是奥运会实践中，很多临时设施也放在场馆工程范围里面，尤其是涉及机电设备的场合。因此临设也涉及场馆改造的很大一部分工作和预算，需要最大限度地控制使用规模。

最为常见的例子是媒体和转播的空间需求。转播服务由 OBS 负责，主要的设备和服务空间都位于广播电视综合区范围内，全部是临时设施。从 2010 年温哥华冬奥会开始，临时性基础设施就被广泛用作场馆媒体中心。这一重要举措减少了对永久性基础设施的需求，从而确保主办城市在赛后留下的场馆遗产符合未来需求（图 15）。

"混合式场馆媒体中心"将媒体工作间与新闻发布厅整合到一个空间内，这一方法也大大减少了临时设施需求。在温哥华冬奥会上只有一个"混合式场馆媒体中心"，而在 2016 年里约奥运会上已有二十个"混合式场馆媒体中心"。混合式场馆媒体中心虽不能用于所有场馆，但在未来的奥运会上，有望占到场馆媒体中心总数的一半以上。

3. 绿色节能改造

除了实现比赛功能，现有场馆的改造还应该实现更高的绿色节能标准。冰场和通常的建筑非常不同，温度条件从冰面的 -5℃ 左右到看台和办公室、更衣室 20℃。国际冰球联合会提供了一个典型的训练冰场的能耗分布（图 16）。以冰场为核心的绿色升级策略是一个系统工程：降低冰场的热、湿负荷需要全面考虑服务方式、运营季节、用途、围护结构类型、顶棚和灯具热辐射、地理位置，以及观众数量和场地等因素。以冰面厚度为例，"一个制冷剂温度为 -9℃、冰面温度为 -6.4℃ 的冰场，如果冰层厚度从 25mm 增加到 50mm，冰的温度会增加 1.5℃；如果冰层增加到 75mm，表面温度会提升到 -4.2℃。冰面厚度每增加 25mm，制冷系统的能耗增加 8% ~ 15%。[35]"因此，美国采暖制冷与空调工程师学会（ASHRAE）2014 年推荐的冰层厚度为 25 ~ 32mm（和国际冰球联合会的冰场指南 [36] 推荐的冰层厚度 25 ~ 30mm 基本一致）。这里仅讨论制冷剂、冷凝热回收和围护结构节能这几个方面。

1）制冷剂

在冰场改造中，制冷剂的环境影响，包括破坏臭氧层和温室气体排放是一个无可

图15　2018年平昌冬奥会冰壶场馆临设媒体中心

电　　　　　　　　　　　　　　　　　热

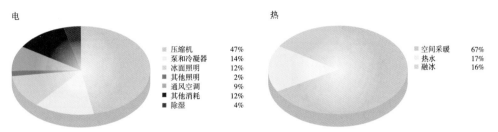

压缩机　47%
泵和冷凝器　14%
冰面照明　12%
其他照明　2%
通风空调　9%
其他消耗　12%
除湿　4%

空间采暖　67%
热水　17%
融冰　16%

图16　典型训练冰场的电、热消耗构成

回避的课题，尤其是需要新增制冰系统的场馆。自然工质中，氨是有毒易燃的气体，所以在很多地方，冰场使用氨制冷剂受到极大的限制和严格的管理。2010年10月加拿大伯尼市氨泄漏导致的事故，使氨制冷剂在冰场的使用面临更为严格的管制。人员密集的比赛场馆通常位于城市中心区，用地条件难以获得符合消防准则的机房选址。氯氟烃（CFC）、氢氯氟烃（HCFC）类型的制冷剂有较高的全球变暖潜力值（GWP）和臭氧层破坏潜力值（ODP）。因此，寻求安全并且环境影响更小的冰场用制冷剂成为制冷行业的迫切课题。二氧化碳作为自然工质的制冷剂和高效的载冷剂，其全球变暖潜力值为1，臭氧层破坏潜力值为0。美国采暖、制冷与空调工程师学会在2014年推荐使用R448A、R449A在低温领域替代R404A和R507A，这两种混合制冷剂显著降低了全球变暖潜力值（小于1 500）。

　　北京冬奥会的冰场中，国家速滑馆、首都体育馆、首体短道训练馆、五棵松冰上中心（冰球训练馆）采用了二氧化碳直冷制冰系统。国家游泳中心（冰立方）因为是可拆装的系统，采用R449作为制冷剂，乙二醇作为载冷剂。

2）制冰系统热回收

制冰系统回收的废热足够一个训练冰场大部分场合所需的热量，因此提高制冰系统的热回收效率是一个持续的目标。热泵系统回收的高温热水通常用于生活热水、浇冰车、转轮除湿，冷水机组自带的冷凝热回收装置产生低温热水，用于融冰槽融冰和冰板基础中防止冻胀的加热管等场合。

3）围护结构节能

冰场围护结构的关键问题在于气密性，而不完全是保温。因此，改造场馆在更新屋顶和墙面时，需要在保温层的外侧增加有效的隔汽层。为了增强大厅的气密性，在平昌冬奥会期间，冰壶比赛大厅大部分出入口的门处于关闭状态。

室内冰场的顶棚因为外部的热量传导和室内空气分层而维持相对较高的温度。考虑照明辐射热在内，冰面的热负荷中约 40% 来自顶棚的辐射换热[35]。顶棚的辐射热负荷可以通过降低顶棚温度来实现，而降低顶棚材料的发射率来降低冰面的负荷同样重要。常见顶棚材料的发射率经常高达 0.9 左右，高亮的铝涂层可以把发射率降低到 0.3 ～ 0.6，而抛光的铝箔发射率仅 0.05。另外，低发射率的顶棚热损失小，表面温度通常能够保持在冰场环境露点温度以上，从而降低和避免结露的风险。国家速滑馆（冰丝带）和德国因策尔的速滑馆都使用低发射率的织物顶棚，有效降低了冰面的负荷。

4）电力、照明和设备

改造场馆经常需要电力增容，以满足冬奥会的能源需求，并提供符合要求的备用能源。场馆改造中面临的技术需求，包括电信服务、计时计分和现场成绩处理、技术硬件、视听系统等，经常由奥林匹克全球合作伙伴计划（TOP）全部或部分提供。

为了降低灯具辐射热对冰面的影响，冬奥会使用的既有场馆均把转播照明更新成 LED 灯具。根据世界冰壶联合会的要求，江陵冰壶中心重新安装了 LED 体育照明系统，最高照度达到 2000Lx。LED 系统更为节能，还能够瞬时点亮和提供多彩色的变化，为体育展示提供了富有想象力的空间，提高了比赛观赏性。

4. 智慧冰场

既有场馆改造的关键工作包括针对场馆各使用人群的智慧化服务和机电系统智能管控与运行，尤其是针对冰场的监控系统（图 17）。

为观众提供的服务包括室内外无缝连接的导航、定位和座位引导系统，以及增强观赛体验的实时数字信息系统。电视转播、评论员和媒体、摄影记者需要实现高速、实时的数据传输和分析。对运动员和赛后滑冰的公众来说，数字冰场可以提供为各项冰上运动定制的数据可视化分析。2007 年荷兰蒂亚夫（Thialf）速滑馆基于 AMB 测速系统建立了 12 点测速的数字化系统，成为数字冰场的先驱。

图 17　国家游泳中心冰壶线路实时跟踪大屏幕和技术控制台

冰壶的运行曲线由速度、旋转角速度和运动员刷冰干预形成。通过连续的视频捕捉可以分析冰壶的动态，还原曲线，并对冰面的摩擦系数形成数字化反馈。通过对大量曲线深度学习，可以对冰壶的运行进行某种程度的预测。曲线的还原和预测能够为观众现场观赛、体育展示和电视转播提供丰富的数字化体验。

通过冰面与室内环境实时感知与精确控制，可以实现高标准的体育竞赛环境，并提升场馆的长期节能运行水平。场馆改造涉及不同时期安装的设备系统，机器的自动化控制水平各不相同，因而需要建立开放性的分布式平台和算法，用于集成不同时期、不同生产商的系统。

国家游泳中心（冰立方）安装了"冰眼"监测系统，在冰面、比赛场地、观众席设有多组传感器，实时监测温度、湿度和露点温度数据，传输至制冰控制台，据以进行建筑设备系统的集中控制。对花滑和短道速滑场地来说，混凝土板内埋设传感器，根据监测数据调节压缩机运行；冰面内的传感器则用于测量冰面达到的最终温度。

既有场馆的冬奥改造策略，包括适应性的功能提升、高水平的绿色节能和精确实时的智慧管控等主要方面，针对冰场这一核心功能具有显著的独特性。这些策略不仅服务于冬奥会比赛短短的十几天时间，更针对冰上场馆赛后长久运营，从而实现环境、社会和经济的可持续性。

作品年表
Chronology

2003—2022

2003

国家游泳中心（水立方）

项目地点	北京，朝阳区奥林匹克公园
竣工时间	2008.1.26
用地面积	6.2hm²
建筑面积	奥运会赛时 79 532m²，赛后 108 774m²
建筑高度	31m
座席数量	奥运会赛时 17 000 座，赛后 6 000 座
设计单位	中建国家游泳中心设计联合体
	中建总公司
	PTW
	ARUP
	中建国际（深圳）设计顾问有限公司
设计奖项	全国优秀工程勘察设计金奖，住房和城乡建设部，2008
	IOC/IAKS Gold Award，Pools and wellness facilities，2009
	北京市第十四届优秀工程设计一等奖，北京市规划委员会，2009
	中国建筑优秀勘察设计大奖，中国建筑工程总公司、中国建筑股份有限公司，2009

2005

国家网球中心

项目地点	北京，朝阳区奥林匹克公园
竣工时间	2007.6.30
用地面积	16.68hm²
建筑面积	26 514m²
建筑高度	23.4m
座席数量	17 400 座
	设计联合体
设计单位	中建国际（深圳）设计顾问有限公司
	Bligh Voller Nield Co.
设计奖项	全国优秀工程勘察设计铜奖，住房和城乡建设部，2008
	IOC/IAKS Bronze Award，Stadiums，2009
	IPC/IAKS Distinction，Stadiums，2009
	北京市第十四届优秀工程设计二等奖，北京市规划委员会，2009
	中国建筑学会建筑创作大奖，中国建筑学会，2009
	中国建筑工程总公司优秀方案设计一等奖，中国建筑工程总公司，2007

北京奥林匹克公园射箭场

项目地点	北京，朝阳区奥林匹克公园
竣工时间	2007.6.30
用地面积	9.2hm²
建筑面积	8 609m²
建筑高度	14m
座席数量	5 384 座
设计单位	设计联合体
	中建国际（深圳）设计顾问有限公司
	Bligh Voller Nield Co.

北京奥林匹克公园曲棍球场

项目地点   北京，朝阳区奥林匹克公园
竣工时间   2007.6.30
用地面积   11.9hm^2
建筑面积   8 609m^2
建筑高度   24m
座席数量   17 000 座
设计单位   设计联合体
            中建国际（深圳）设计顾问有限公司
            Bligh Voller Nield Co.

朝阳公园沙滩排球赛场

项目地点   北京，朝阳区朝阳公园
竣工时间   2007.6
用地面积   18.4hm^2
建筑面积   14 150m^2
建筑高度   22m
座席数量   12 200 座
设计单位   中建（北京）国际设计顾问有限公司
设计奖项   中国建筑工程总公司优秀方案设计三等奖，中国建筑工程总公司，2007

2006

湖北省奥林匹克体育中心（规划、单体方案和一期施工图）

项目地点   湖北武汉，光谷
竣工时间   2011（一期）
用地面积   64.2hm^2
建筑面积   127 540m^2
建筑高度   24m
座席数量   3 400 座
设计单位   中建（北京）国际设计顾问有限公司

2011

江阴音乐厅　（竞赛方案）

项目地点   江苏江阴，城市客厅
竣工时间
用地面积   1.25hm^2
建筑面积   12 339m^2
建筑高度   21m
设计单位   中建（北京）国际设计顾问有限公司

大空间总装实验中心（竞赛方案）

项目地点   安徽六安
竣工时间   -
用地面积   -
建筑面积   61 200m^2
建筑高度   140m
设计单位   中建（北京）国际设计顾问有限公司

联想总部（北京）新园区（竞赛方案）

项目地点   北京，海淀区中关村软件园
竣工时间   -
用地面积   12hm^2
建筑面积   342 256m^2
建筑高度   30m
设计单位   中建（北京）国际设计顾问有限公司

中央歌剧院（竞赛方案）

项目地点	北京，东城区
竣工时间	-
用地面积	1.3hm²
建筑面积	37 022m²
建筑高度	42m
设计单位	中建（北京）国际设计顾问有限公司

2012

襄阳大剧院（竞赛方案）

项目地点	湖北襄阳，东津新区
竣工时间	-
用地面积	11.9hm²
建筑面积	83 457m²
建筑高度	35m
设计单位	中建（北京）国际设计顾问有限公司

东莞市城市快速轨道交通线网控制中心综合体

项目地点	广东东莞，南城国际商务区
竣工时间	2020
用地面积	1.57hm²
建筑面积	185 690m²
建筑高度	249m
设计单位	中建（北京）国际设计顾问有限公司（方案）
	中国华西工程设计建设有限公司（初设）
设计奖项	广东省优秀工程勘察设计奖二等奖，广东省工程勘察设计行业协会，2021

国家开发银行辽宁省分行（竞赛获胜方案）

项目地点	辽宁沈阳，沈河区
竣工时间	-
用地面积	0.97hm²
建筑面积	38 396m²
建筑高度	100m
设计单位	中建（北京）国际设计顾问有限公司

2013

北京歌舞剧院（竞赛方案）

项目地点	北京，朝阳区双井
竣工时间	-
用地面积	28.3hm^2
建筑面积	157 200m^2
建筑高度	24m
设计单位	中建（北京）国际设计顾问有限公司

开封大学会堂和体育馆（方案）

项目地点	河南开封，开封大学新校区
竣工时间	-
用地面积	-
建筑面积	会堂 18 926m^2，体育馆 13 952m^2
建筑高度	23.8m
设计单位	中建（北京）国际设计顾问有限公司

苏州滨湖新城能源中心

项目地点	江苏苏州，滨湖新城
竣工时间	2020
用地面积	1.71hm^2
建筑面积	35 818m^2
建筑高度	40.5m
设计单位	中建（北京）国际设计顾问有限公司

2014

北大附中开封学校（竞赛方案）

项目地点	河南开封
竣工时间	-
用地面积	28.3hm^2
建筑面积	157 200m^2
建筑高度	24m
设计单位	中建（北京）国际设计顾问有限公司

2015

歌华有线智慧云项目

项目地点	河北涿州，新城区
竣工时间	2021（一期）
用地面积	2.48hm^2
建筑面积	83 798m^2
建筑高度	99.8m
设计单位	北京天鸿圆方建筑设计有限公司

2016

华侨村二期 5 号地项目

项目地点	北京，朝阳区建外
竣工时间	-
用地面积	2.05hm^2
建筑面积	106 500m^2
建筑高度	88m
设计单位	北京天鸿圆方建筑设计有限公司

北京景山学校通州校区

项目地点	北京，通州区台湖
竣工时间	-
用地面积	9.94hm^2
建筑面积	95 140m^2
建筑高度	20m
设计单位	北京天鸿圆方建筑设计有限公司

国家速滑馆

项目地点	北京，朝阳区奥林匹克公园
竣工时间	2021.11.13
用地面积	16.95hm^2
建筑面积	129 800m^2
建筑高度	33.8m
设计单位	北京市建筑设计研究院有限公司

2017

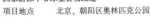

北京 2022 年冬奥会和冬残奥会张家口赛区奥林匹克体育公园（方案征集第一名）

项目地点	河北崇礼
竣工时间	-
用地面积	399.6hm^2
建筑面积	28 355m^2
建筑高度	41m
座席数量	跳台滑雪场 坐席 5 000+ 站席 5 000
	越野滑雪场 坐席 5 000+ 站席 5 000
	冬季两项比赛场 坐席 5 000+ 站席 5 000
设计单位	北京天鸿圆方建筑设计有限公司

国家游泳中心冰壶赛场改建

项目地点	北京，朝阳区奥林匹克公园
竣工时间	2021.6.29
用地面积	6.2hm^2
建筑面积	50 000m^2
建筑高度	31m
设计单位	北京市建筑设计研究院有限公司

国家游泳中心冰立方冰上运动中心

项目地点	北京，朝阳区奥林匹克公园
竣工时间	2021.11.13
用地面积	1.5hm²
建筑面积	8 221m²
建筑高度	5m
座席数量	600 座
设计单位	北京市建筑设计研究院有限公司

日照网球中心

项目地点	山东日照
竣工时间	2019
用地面积	15.5hm²
建筑面积	47 705m²
建筑高度	20m
设计单位	北京市建筑设计研究院有限公司

2019

北京城市副中心潞城全民健身中心

项目地点	北京，通州区城市副中心
竣工时间	-
用地面积	4.25hm²
建筑面积	48 330m²
建筑高度	23.95m
座席数量	-
设计单位	北京市建筑设计研究院有限公司

厦门一场两馆、新会展中心（竞赛方案）

项目地点	福建厦门，翔安区
竣工时间	
用地面积	城市设计 628hm²，其中体育用地 61hm²
建筑面积	一场两馆 486 734m²
建筑高度	59.8m
座席数量	主体育场 60 000 座
	体育馆 18 000 座
	游泳馆 5 000 座
设计单位	北京市建筑设计研究院有限公司

新华人寿大厦

项目地点	广东深圳，前海桂湾片区四开发单元
竣工时间	-
用地面积	0.66hm²
建筑面积	92 498m²
建筑高度	179.8m
设计单位	北京市建筑设计研究院有限公司

2020

茂名市奥体中心（竞赛方案）

项目地点	广东茂名
竣工时间	-
用地面积	33.2hm^2
建筑面积	211 500m^2
建筑高度	42m
座席数量	体育场 28 000 座
	体育馆 10 000 座
设计单位	北京市建筑设计研究院有限公司

深圳市青少年足球训练基地（竞赛方案）

项目地点	广东深圳
竣工时间	-
用地面积	5.5hm^2
建筑面积	76 371m^2
建筑高度	46.8m
座席数量	足球场 10 000 座
设计单位	北京市建筑设计研究院有限公司

青岛亚洲杯足球比赛场地（竞赛方案）

项目地点	山东青岛
竣工时间	-
用地面积	16.4hm^2
建筑面积	150 203m^2
建筑高度	45m
座席数量	足球场 40 000 座
设计单位	北京市建筑设计研究院有限公司

国家网球中心园区整体提升规划及综合服务楼

项目地点	北京，朝阳区奥林匹克公园
竣工时间	2022
用地面积	23.8hm^2
建筑面积	104 282m^2（综合服务楼 19 450m^2）
建筑高度	45m
设计单位	北京市建筑设计研究院有限公司

图片来源
Credits

可持续　向未来

图1　https：//www.moma.org/collection/works/702?locale=en.
图2　https：//www.moma.org/Ca_lendar/exhibitions/1171.（左）
　　　https：//betonbabe.tumblr.com/image/6355404339.（中）
　　　https：//www.moma.org/collection/works/87405.（右）
图3　https：//www.metalocus.es/sites/default/files/ml_crown-hall_01_bill-zbaren_1580.jpg.
图4、图5　https：//archive.curbed.com/2017/1/23/14365014/centre-pompidou-paris-museum-renzo-piano-
　　　richard-rogers.
图6　https：//www.fosterandpartners.com/projects/sainsbury-centre-for-visual-arts/.
图7　http：//cnccchina.com/venues/detail.aspx.
图10　Ulrich Pfammatter. Building the future：building technology and cultural history from the industrial revolution
　　　until today[M]. Munich：Prestel Verlag，2008：84.
图11　Ulrich Pfammatter. Building the future：building technology and cultural history from the industrial revolution
　　　until today[M]. Munich：Prestel Verlag，2008：55.
图12　http：//www.columbia.edu/cu/gsapp/BT/DOMES/SEOUL/s-struc.html.
图13　https：//www.re-thinkingthefuture.com/case-studies/a3463-zurich-stadelhofen-railway-station-by-
　　　santiago-calatrava-redefining-the-existing/.
图14　Thomas Herzog. Expodach. Prestel[M]. Munchen，2000：17.
图15　https：//pin.it/5XtUIGL.
图16　https：//calatrava.com/projects/the-new-york-city-designs.html?view_mode= gallery&image= 9&image=9.
图17　Ulrich Pfammatter. Building the future：building technology and cultural history from the industrial revolution
　　　until today[M]. Munich：Prestel Verlag，2008：291.
图18　https：//www.centrepompidou-metz.fr.（左）
　　　http：//photoblog.millesabords.net/centre-pompidou-metz/.（右）
图19　https：//upload.wikimedia.org/wikipedia/commons/e/ea/Odate_Jukai_Dome_20181202.jpg（左）
　　　https：//images.adsttc.com/media/images/514b/6ec1/b3fc/4b09/5e00/00bd/large_jpg/Dome_in_Odate_3_
　　　Mikio_Kamaya.jpg?1363898032=（右）
图20　https：//upload.wikimedia.org/wikipedia/commons/thumb/f/f7/View_of_MEO_Arena_2014_from_North.
　　　jpg/1024px-View_of_MEO_Arena_2014_from_North.jpg（左）
　　　https：//upload.wikimedia.org/wikipedia/commons/thumb/f/f7/View_of_MEO_Arena_2014_from_North.
　　　jpg/1024px-View_of_MEO_Arena_2014_from_North.jpg（右）
图21　Thomas Herzog. Expodach[M]. Munich：Prestel 2000.
图22　https：//www.holcimfoundation.org/Projects/main-station-stuttgart-germany.
图23　https：//www.obayashi.co.jp/chronicle/works/18400.html.
图24　http：//www.perraultarchitecture.com/en/projects/3266-velodrome_and_olympic_swimming_pool_-_urban_
　　　design.html.
图25　https：//fr.wikiarquitectura.com/velodromo-piscina_berlin_sec_long-2/.
图26　M. Barnes. Widespan Roof Structures[M]. Thomas Telford，2000：139.

北京2008奥运会　体育建筑的新价值

国家游泳中心（水立方）

图1　（宋）聂崇义，三礼图
图2　摄影：商宏
图3　Chris Bosse
图4　摄影：任捷
图5　https：//architectureau.com/articles/practice-23/.
图10　国家游泳中心
图12　国家游泳中心
图16　国家游泳中心
图19　国家游泳中心
图20　国家游泳中心
图24　国家游泳中心

临时场馆：场所和事件

图1　何宛余.荷兰2028奥运畅想[J]. 城市建筑，2009，62（11）：44-45.
图2　https：//de.m.wikipedia.org/wiki/Bondi_Beach_Volleyball_Centre.
图3　摄影：陈凯（新华社）
图4　https：//blog.tagesanzeiger.ch/scharfgeschossen/wpcontent/uploads/sites/13/2012/07/Volleyball.jpg.

北京2022冬奥会　面向可持续的技术与设计

国家速滑馆：新建场馆的可持续性

图2　国家速滑馆
图9　摄影：Sheri Terris
图22　摄影：黄晖
图23　摄影：黄晖
图28　摄影：刘兴华

国家游泳中心：改造场馆的可持续性

图1、图2　https：//en.m.wikipedia.org/wiki/Torino_Palavela.
图3　http：//www.turintoys.com/wp-content/uploads/2016/12/F-Torino-Il-salone-Internazionale-dellAutomobile-al-Palazzo-Torino-Esposizioni-archivio-storico-fiat.jpeg.
图4　https：//www.gazzetta.it/Speciali/Torino_2006/impianti/79.shtml.
图5　https：//en.m.wikipedia.org/wiki/Rogers_Arena.
图7　国家游泳中心
图8　http：//www.listensport.com/xuexiao/shoudutiyuguan.shtml.
图9　摄影：杨超英
图10　https：//news.sina.com.cn/c/2020-04-30/doc-iircuyvi0675517.shtml.
图11　https：//en.m.wikipedia.org/wiki/Rogers_Arena.
图13　国家游泳中心
图16　IIHF Ice Rink Guide

书中未标注来源的图片均为作者拍摄，技术图纸由孙卫华整理。

参考文献
Reference

[1] International Olympic Committee. Olympic Agenda 2020 20+20 Recommendations [EB/OL].洛桑.[2020-6-20] https://www.olympic.org/documents/olympic-agenda-2020#.

[2] 北京冬奥组委.北京2022年冬奥会和冬残奥会可持续性计划[EB/OL].[2020-6-20]. https://www.beijing-2022.cn/a/20200515/000007.htm.

[3] 莱昂·巴蒂斯塔·阿尔伯蒂. 建筑论：阿尔伯蒂建筑十书[M]. 王贵祥，译. 北京：中国建筑工业出版社，2009：261.

[4] Eva Jimenez - Xavier Llobet. Structural Transfers Mies·Kahn·Wachsmann. [EB]. [2013-11-09] http://cercle.upc.edu.

[5] 杰弗瑞·布劳德本特. 理性与功能[M]//丹尼斯. 理性主义者. 杨矫，译. 北京：中国建筑工业出版社，2003：153.

[6] 肯尼思·弗兰姆普敦. 现代建筑：一部批判的历史[M]. 张钦楠，等译.北京：三联书店. 2004.

[7] 北京市规划委员会.北京2022年冬奥会国家速滑馆建筑概念方案国际竞赛-竞赛文件[R]. 2016-6. 北京：2016.

[8] 肯尼思·弗兰姆普敦. 建构文化研究：论19世纪和20世纪建筑中的建造诗学[M]. 北京：中国建筑工业出版社. 2007.

[9] Adriaan Beukers，Ed van Hinte. Lightness：The Inevitable Renaissance of Minimum Energy Structures（4th edition）[M]. Nai010 publishers. 2005.

[10] GMP+SBP. How Structure Adds to Architectural Beauty[J]. 北京：建筑技艺，2012，5：60.

[11] Piano，R. Mein. Architektur-Logbuch[M]. Berlin：Hatje Cantz Verlag. 1997：254.

[12] 麻省理工学院. 圣地亚哥·卡拉特拉瓦与学生的对话[M]. 张育南，译. 北京：中国建筑工业出版社，2003：53.

[13] Ulrich Pfammatter. Building The Future：Building Technology and Cultural History from the Industrial Revolution until Today[M]. Munich：Prestel Verlag. 2008.

[14] Chris J K Williams. The definition of Curved Geometry for Widespan Structures.[M]//Michael Barnes and Michael Dickson. University of Bath. Widespan Roof Structures. London：Thomas Telford. 2000：41.

[15] Wikipedia. Glued Laminated timber[EB]. [2013-12-21] http://en.wikipedia.org/wiki/Glued_lami-nated_timber.

[16] 克里斯蒂安·诺伯格·舒尔茨. 西方建筑的意义[M]. 李路珂，欧阳恬之，译. 北京：中国建筑工业出版社，2005.

[17] Mike Davies. Mezotecture. [M]//Michael Barnes and Michael Dickson. University of Bath. Widespan Roof Structures. London：Thomas Telford. 2000：133.

[18] Tony Mclaughlin. Servicing The Dome Environment.[M]//Michael Barnes and Michael Dickson. University of Bath. Widespan Roof Structures. London：Thomas Telford. 2000：138.

[19] Arup. Design Development Report Final Version Rev A[R]. 2003–08–27.

[20] 傅学怡等. 国家游泳中心"水立方"结构设计优化[J].建筑结构学报，2005，26（6）：13–19.

[21] 何宛余. 荷兰2028奥运畅想[J].城市建筑，2009，62（11）：44–45.

[22] Sydney Organising Committee for the Olympic Games. Official Report of the XXVII Olympiad. Volume One：Preparing for the Games[R]. 2001：78.

[23] Lauren Mattera. Venues may be temporary but London 2012 sustainability legacy is permanent[EB]. 2012.9.29. [2013–11–17] http：//www.insidethegames.biz/sustainability/ 1011073–venues–may–be–temporary–but–london–2012–sustainability–legacy–is–permanent–sp–958.

[24] International Skating Union. Special Regulations & Technical Rules–Speed Skating[S]. 2018.

[25] 王哲等. 国家速滑馆钢结构设计[J].建筑结构，2018，48（20）：5–11.

[26] London 2012 Olympic Velodrome：How the structure works[EB]. https：//expeditionworkshed.org/assets/Description–of–Velodrome–structure1.pdf，2013.10.

[27] Appendix A：Global Warming Potentials[EB]. theclimateregistry.org. Retrieved：2021–3–3.

[28] Oxford University Study，2016，The 5 Most Expensive Winter Olympic Games[R]. Usnews.com，2018–02–05.

[29] 北京2022年冬奥会和冬残奥会组织委员会. 赛区&文化，[EB] https://www.beijing2022.cn/cn/competition_zones/beijing.htm [2018–08–06].

[30] 国际奥委会北京冬奥会协调委员会委员考察北京冬奥会场馆——小萨马兰奇：北京正在筹办一届充满智慧的冬奥会[EB]. http：//bj.people.com.cn/n2/2018/0918/c82837–32067393.html [2018–09–18].

[31] The Vancouver Sun Canadian Online Explorer. Vancouver Organizing Committee Shrinks Olympic Ice. Vancouver[R]. 2009–02–24 [2009–03–01].

[32] Leif Öhman. Curling Ice Requirements for Olympic and WCF Competitions[S]. World Curling Federation. 2014–09–01.

[33] 国家游泳中心设计联合体.国家游泳中心初步设计报告工程篇[R].北京：2002–11–3.

[34] 清华大学等.北京2022年冬奥会冰壶赛事场地"水立方"比赛大厅空调系统方案总结报告[R].北京：2017.12.

[35] American Society of Heating Refrigerating and Air Conditioning Engineers[S]. 2014，44.1.

[36] International Ice Hockey Federation. IIHF Ice rink guide 2016 [S]. Zurich，Switzerland.

后 记
Acknowledgement

2008 年 8 月，我和成千上万的观众一起，坐在自己负责设计的场馆里，看激情和荣誉在赛场燃烧，精彩的画面传播到全世界的电视屏幕上；2022 年 2 月，疫情之下的冬奥会，看见全世界的运动员聚集在自己负责设计的场馆里，奥林匹克的光芒再次照亮每一个人。我曾经到伦敦奥运会(2012)、平昌冬奥会(2018)现场观看比赛，访问悉尼(2000)、雅典(2004)和东京（1964，2020）的奥运场馆。每个城市的设计各有不同；我相信，北京的场馆设计从新建和改造两个维度，都能代表当今时代奥运场馆的最高水准。

设计这些场馆，造就世界上最快的游泳池、最快的冰，亲手为我们和我们的孩子们生活、热爱的城市描绘壮丽的画面、辉煌的场景，是我一生的荣誉。我时常觉得，作为一个建筑师是何等幸运，赶上北京举办两次奥运会，经历这样一个波澜壮阔的时代；未曾虚度光阴，为这个职业深感荣耀。我喜欢跑步，无数次在奥林匹克公园跑过水立方、冰丝带、莲花球场，看见千千万万人来到这里，畅享激动人心的历史时刻，那是我能想象的最美好的场景。

在这个过程中与很多人共事：我的同事们、北京奥组委、冬奥组委、业主单位、项目管理公司、施工单位、监理单位、供应商，以及政府机构、顾问、同行专家。他们中的很多人学识精湛，充满智慧，勤恳敬业，我从内心深处尊敬和感谢他们。和他们一起工作，是我的职业生涯中无可替代的珍贵体验。

这本书成稿于北京冬奥会闭幕之时，重新整理了 20 年间的设计草图、技术图纸和报告、施工过程中的照片，以求真实、准确地记录夏季、冬季两个奥运七个场馆的设计建设、科技创新历程。如果叙述得当，建筑的历史也就是我们生活中一切事物的历史。它是人类社会整个历史的舞台，凝固了最为关键的时刻。虽然体育只是其中的一个侧面，但是奥运会使我们在那些宏伟壮阔、光彩夺目的空间里面，认识自己，共享梦想成真、相互依存的感觉。

约翰·拉塞尔在《现代艺术的意义》中说："艺术让我们与我们所处的时代有一种休戚相关之感，有一种与之分享和被强化的精神力量，这正是人生所应贡献于时代的最令人满意的东西。"而且，建筑不只是美好生活的场所，它还是一个凝聚当今技术力量的复杂系统；它帮我们恢复失去的统一，重建我们与自然、社会休戚与共的感觉。

郑方，博士，一级注册建筑师，正高级建筑师。中国建筑学会资深会员，中国建筑学会建筑师分会、体育建筑分会理事。北京 2022 年冬奥会国家速滑馆（冰丝带）、国家游泳中心冰壶赛场（冰立方）设计总负责人；曾主持北京 2008 年奥运会国家游泳中心（水立方）、国家网球中心等 5 个竞赛场馆设计，获中共中央、国务院表彰，及中国青年科技奖、中国建筑学会青年建筑师奖、IOC/IAKS 体育建筑奖、全国工程勘察设计金奖等荣誉。

图书在版编目（CIP）数据

设计可持续的未来：从水立方到冰丝带 = Shaping
A Sustainable Future: From Water Cube to Ice
Ribbon / 郑方著 . —北京：中国建筑工业出版社，
2022.2
ISBN 978-7-112-27088-0

Ⅰ.①设…　Ⅱ.①郑…　Ⅲ.①体育建筑—建筑设计—
研究—中国　Ⅳ.① TU245

中国版本图书馆 CIP 数据核字（2022）第 028585 号

责任编辑：毋婷娴
书籍设计：康　羽
责任校对：张　颖

设计可持续的未来
从水立方到冰丝带
Shaping A Sustainable Future
From Water Cube to Ice Ribbon
郑　方　著
　＊

中国建筑工业出版社出版、发行（北京海淀三里河路9号）
各地新华书店、建筑书店经销
北京雅盈中佳图文设计公司制版
北京富诚彩色印刷有限公司印刷
　＊
开本：787 毫米 × 1092 毫米　1/16　印张：$17\frac{1}{4}$　字数：357 千字
2022 年 3 月第一版　2022 年 3 月第一次印刷
定价：**188.00** 元
ISBN 978-7-112-27088-0
　　（38882）